居住空间设计

高等职业教育建筑与规划类专业"十四五"数字化新形态教材

兰育平 李莹 周肖 主编
倪冰 黄士真 刘晶晶 副主编
陈燕燕 刘小斌 彭霄
陈良 主审

中国建筑工业出版社

图书在版编目（CIP）数据

居住空间设计 / 兰育平，李莹，周肖主编；倪冰等副主编 . -- 北京：中国建筑工业出版社，2024.6. （高等职业教育建筑与规划类专业"十四五"数字化新形态教材）. -- ISBN 978-7-112-29966-9

Ⅰ.TU241

中国国家版本馆 CIP 数据核字第 2024H9H758 号

　　本书以培养专业的建筑装饰行业应用型人才为目标，结合新时期职业教育的要求和特点，以设计理论为基础并结合大量的设计案例，系统阐述了居住空间设计的主要目标和内容。全书共有三个模块，包括居住空间设计基础篇、居住空间设计实践篇、居住空间设计技能提升篇，形成从理论知识到实践能力的全方面覆盖。本书采用模块、项目为形式进行编写，配套的二维码链接附有大量工程实践案例等内容，供读者进一步研究学习；各项目附有案例分析、课后习题等内容，强化重点知识的记忆。本书兼顾高职教学与专业技能培养，可以作为建筑装饰工程技术、建筑设计、建筑室内设计等专业教学教材，也可供相关从业人员参考使用。

　　为了更好地支持本课程的教学，我们向使用本书的教师免费提供教学课件，有需要者请与出版社联系，邮箱：jckj@cabp.com.cn，电话：(010) 58337285，建工书院 http://edu.cabplink.com。

责任编辑：张　玮　周　觅　杨　虹
文字编辑：马永伟
责任校对：张惠雯

高等职业教育建筑与规划类专业"十四五"数字化新形态教材
居住空间设计
兰育平　李　莹　周　肖　主　编
倪　冰　黄士真　刘晶晶
陈燕燕　刘小斌　彭　霄　副主编
陈　良　主　审

*

中国建筑工业出版社出版、发行（北京海淀三里河路9号）
各地新华书店、建筑书店经销
北京雅盈中佳图文设计公司制版
北京市密东印刷有限公司印刷

*

开本：787毫米×1092毫米　1/16　印张：13$\frac{1}{2}$　字数：285千字
2024年12月第一版　2024年12月第一次印刷
定价：48.00元（赠教师课件）
ISBN 978-7-112-29966-9
(43078)

版权所有　翻印必究
如有内容及印装质量问题，请与本社读者服务中心联系
电话：(010) 58337283　QQ：2885381756
(地址：北京海淀三里河路9号中国建筑工业出版社604室　邮政编码：100037)

前　言

在全面建设社会主义现代化国家开局起步的关键时期，党的二十大报告将"城乡人居环境明显改善，美丽中国建设成效显著"纳入目标任务，充分体现了人民居住环境建设在党和国家事业发展全局中的重要地位。作为室内设计行业的从业者，我们肩负着通过设计创造高品质居住环境的重大责任。因此，如何通过设计，将居住空间打造成既满足生活、工作和娱乐需求，又能深刻展现文化内涵并满足人们精神生活需求的现代化生活与工作空间，是各高等职业院校建筑室内设计专业的人才培养的核心目标。

本书针对新时期建筑装饰行业的发展需求，全面而系统地讲解了设计从业人员应具备的专业能力、创新精神以及科学文化修养。在遵循项目化教学原则的基础上，我们将全书内容划分为以下三部分：模块一，居住空间设计基础篇，主要阐述居住空间设计的相关概念、住宅建筑结构及空间组织形式、居住空间设计风格，同时介绍居住空间设计的表现手法和法则。模块二，居住空间设计实践篇，以企业设计项目为依托，按照项目难度分为小户型空间设计、中户型空间设计、大户型空间设计、别墅空间设计四个主题，分别有针对性地介绍相应的设计理论和方法，并通过学习经典案例，帮助学生领悟经典设计理念。通过专业知识的学习后进入实际操作环节，分析师生作品的设计思路和策略，以师生角色参与居住空间设计的实践。模块三，居住空间设计技能提升篇，设有专题训练任务，便于教师布置实训任务，学生进行实践。"居住空间设计"课程/课时建议安排90课时，见附表。

本书由广西机电职业技术学院、广西工商职业技术学院、广西信息职业技术学院、广西职业技术学院联合广西中饰南部建筑装饰工程有限公司、广西樊汉建筑装饰工程有限公司等学校和企业，总结多年的教学与企业工作经验，紧密结合行业发展的新趋势，精心整理了大量素材和资料，共同完成了这本教材的编写工作。书中所引用的案例均源自合作企业的实际项目以及师生承担的企业设计任务，充分展现了校企合作、产教融合的实践成果。

本书在编写过程中参考了国内外相关领域的研究成果，在此对这些资料的作者表示由衷的感谢。

"居住空间设计"课程/课时建议安排
90 课时（18 课时 ×5 周）

附表

模块	课程内容		课时
模块一 居住空间设计 基础篇	居住空间设计认知	1. 居住空间设计的概念 2. 中国居住空间设计的发展概述 3. 居住空间设计的任务 4. 居住空间设计的程序 5. 设计师必备专业能力与素质	1
	住宅建筑结构及空间 组织形式	1. 住宅建筑类型 2. 住宅建筑结构 3. 居住空间组织形式 4. 居住空间处理形式	1
	居住空间设计风格	1. 中式风格 2. 东南亚风格 3. 现代简约风格 4. 现代雅致风格 5. 欧式风格 6. 后欧式风格群	2
	居住空间设计的形式 美法则	1. 形式美法则的概念 2. 形式美法则的类型	6
模块二 居住空间设计 实践篇	小户型空间设计	1. 经典案例赏析 2. 小户型空间设计基本知识 3. 小户型空间设计原则 4. 案例实践	6
	中户型空间设计	1. 经典案例赏析 2. 中户型空间设计基本知识 3. 中户型空间设计要素 4. 案例实践	8
	大户型空间设计	1. 经典案例赏析 2. 大户型空间设计基本知识 3. 大户型空间设计要素 4. 案例实践	8
	别墅空间设计	1. 经典案例赏析 2. 别墅概述 3. 别墅空间设计 4. 案例实践	8
模块三 居住空间设计 技能提升篇	项目设计任务	1. 小户型空间设计 2. 中户型空间设计 3. 大户型空间设计 4. 别墅空间设计	50
			90

目　录

模块一　居住空间设计基础篇 ………………………………………………… 1
项目一　居住空间设计认知 …………………………………………………… 2
项目二　住宅建筑结构及空间组织形式 ……………………………………… 9
项目三　居住空间设计风格 …………………………………………………… 21
项目四　居住空间设计的形式美法则 ………………………………………… 42

模块二　居住空间设计实践篇 ………………………………………………… 55
项目一　小户型空间设计 ……………………………………………………… 56
项目二　中户型空间设计 ……………………………………………………… 74
项目三　大户型空间设计 ……………………………………………………… 106
项目四　别墅空间设计 ………………………………………………………… 144

模块三　居住空间设计技能提升篇 …………………………………………… 197
实训项目一　小户型空间设计 ………………………………………………… 198
实训项目二　中户型空间设计 ………………………………………………… 200
实训项目三　大户型空间设计 ………………………………………………… 202
实训项目四　别墅空间设计 …………………………………………………… 205

参考文献 ………………………………………………………………………… 209

居住空间设计

1

模块一　居住空间设计基础篇

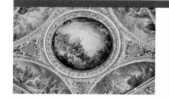

项目一　居住空间设计认知

❖ **教学目标**

通过本项目的学习，学生将深入理解居住空间设计的基本概念、发展历程、设计任务以及设计师应具备的专业能力和素养。同时，学生将掌握居住空间设计的核心程序和步骤，为后续的专业学习奠定坚实基础。

❖ **教学要求**

知识要点	能力与素养要求	权重	自测分数
居住空间的定义、居住空间设计任务的三大需求	掌握居住空间设计概念和任务	10%	
我国传统的室内装饰方法、新中国成立以来居住空间设计的发展历程	掌握我国居住空间设计的发展历程	30%	
设计准备阶段、设计定位阶段、方案设计阶段、施工图绘制阶段和工程施工阶段	掌握居住空间设计的程序	30%	
艺术美学素养、交际沟通能力、专业基本常识、装修施工工艺以及设计表现能力等	了解设计师必备专业能力与素质	30%	

❖ **教学内容**

居住空间作为社会文明与家庭生活品质的直接体现，历来受到广泛关注。随着经济的发展，人们对居住空间的要求越来越高，既要满足日常生活的实际需求，也追求更高层次的生活品质。当前人们对居住空间的需求已经超越了实用性，更期望它具备艺术性和创新性，以适应各种不同的审美和文化追求。因此，居住空间的设计显得尤为重要。它不仅关乎生活的舒适度，更关乎生活的品质、安全性和个性化。一个卓越的设计能够为人们创造一个既美观又富有个性的居住环境，使生活更加舒适和美好。

一、居住空间设计的概念

居住空间既可以是独立的居住单元，也可以是整栋建筑。这个空间承载了人们日常生活的各种功能，包括休息、用餐、学习、工作和娱乐等。因此，居住空间的设计与布局是一项需要细致考虑和精心规划的任务，涉及装饰风格、采光效果、通风情况以及温度调控等多个方面。

居住空间设计作为室内设计的重要组成部分，与公共空间设计存在显著差异。它更注重满足居住者的个性化需求和喜好。一个理想的居住空间，不仅需要具备基本的安全性和舒适度，还应展现出居住者独特的审美价值。通过精心设计和布置，居住空间能够为居住者创造一个既温馨舒适又充满美感的理想生活环境，满足他们对高品质生活的追求。

二、中国居住空间设计的发展概述

中国的居住空间设计历史悠久且丰富，其起源可追溯至原始社会晚期，位于黄河中下游流域的仰韶文化和龙山文化时期。在仰韶文化时期，人类住宅有圆形或方形两种形式，分为大、中、小三种，包括地穴、半地穴、地面式建筑三类。住宅内部墙面和地面涂抹草筋泥并加以平整，部分住宅甚至经过烘烤处理。圆形住宅的周壁墙中有密集的壁柱，室内设有2~6根主柱以支撑屋顶。方形住宅的结构与圆形相似。到了仰韶文化晚期，住宅的墙面和地面采用白灰抹面技术进行美化处理。在龙山文化时期，房间根据功能需求划分为内室和外室，白灰抹面技术亦得到广泛应用。这些现象均显示，在物质条件匮乏的情况下，人类采用简陋的室内设计和装饰手段。

在奴隶社会时期，贫富差距极大，少数贵族掌控大部分社会财富。为了彰显自己的权威和地位，贵族在住宅设计上注重奢华装饰，展现豪华居住环境。除了住宅本身的精致装潢外，青铜器、玉器等奢侈品亦成为彰显财富地位的象征。相较之下，广大奴隶与平民的居住条件相对简陋，与贵族优越的生活环境相去甚远。

在封建社会时期，儒、道、释三家文化在室内装饰方面起到了重要的综合作用，形成了东方独特的标准和审美习惯。这主要表现在以下几方面：

一是居住空间设计强调空间的秩序之美。自然环境与人工设计巧妙融合，彰显庭院环境与住宅设计的和谐统一。院落布局强调封建礼仪秩序，呈现出中轴对称的平面分布。室内空间规划明确"明堂暗室"，既展现出符合礼仪秩序的合理性，又满足人们生活起居的实际需求。无论是院落布局还是室内空间，都体现出主次分明、秩序井然、上下有序、男女有别的等级关系和伦理秩序。《仪礼》中记载了春秋时期士大夫住宅制度。住宅大门为三间，中央明间为门，左右次间为书室；门内为庭院，上房为堂，用于生活起居、接待宾客、举行仪式等；堂的左右为厢房，堂后为卧室。这种格局展现了古代主客有序、正偏有别、层次分明的礼制等级关系。

二是室内装饰讲求图案装饰和原材料质感。原木、陶瓷、石材、砖瓦等材料的质感得到重视，同时，具有中国文化特色的建筑彩画亦得到广泛应用。在图案纹饰的象征意义及精细雕刻的工艺技术方面，"三雕"（石雕、木雕、砖雕）作为代表性的传统装饰技艺，已在建筑及室内装饰领域广泛应用。书画艺术作为重要的陈设元素，将中国书法与绘画融入居住空间设计之中，彰显文人气息和高雅境界，体现出民族文化的深厚底蕴。

在汉代，陶瓷、石刻、绘画和纺织品等装饰品及装饰材料广泛应用于居住空间，丰富了室内陈设和装饰。南北朝时期，廊的形式应运而生，在这一时期内部空间和自然环境联系更加紧密。北朝少数民族引入的高脚家具逐渐改变了我国早期社会席地而坐的生活习惯。至隋唐五代时期，高脚家具已成为室内主要陈设，对我国室内空间面貌产生了重大影响。唐代室内空间装饰突显木构重要性，展现出沉稳大气的整体风格。宋代室内空间发展更为显著，吊顶采用大方格平面设计，突出主体空间的藻井。随着室内尺寸的扩大，内部隔断采用格门分隔空间，并对门、窗、栏杆及梁架等装饰细节进行精细化处理，样式因而丰富多样。

明代家具被视为中国最具特色的代表性家具样式之一，其形态优美简约，装饰线条精致且典雅，强调展现材质本身所蕴含的美感。而清代的室内装饰则更为规范，并逐渐走向成熟。在江南私宅与北方四合院的室内设计中，显著体现出我国南北地域的文化审美差异以及因地理环境而异的装饰手法。

十九世纪中叶以来，随着西方文化和新技术的传入，中国传统文化受到了很大的冲击。西式风格的建筑和室内设计开始蜂拥而至，复制欧式和克隆中式传统成为潮流时尚。这一现象直至新中国成立后才得以转变。

新中国成立之后，社会稳定，经济文化得以迅速发展，人口规模亦急剧扩大。在此背景下，为满足急剧增长的住房需求，大量住宅亟待建设，以确保人民安居乐业，从而为居住空间设计创造了广阔的发展空间。结合我国住房政策调整、家庭人口结构变化趋势以及居住生活方式的演变，可以将居住空间设计发展划分为以下三个阶段：

（1）第一阶段（1949—1978年）居住空间设计兴起的前夜

1949—1978年，我国主要建造了合用型与"筒子楼"两种类型的住宅。合用型住宅以单元式设计为主，即通过单元结构将多套住宅连接起来，形成集合住宅。在这种住宅中，一套住宅通常由多户共同租赁，每个家庭分配到一个居室，卫生间和厨房由各户共同使用。单间居室需同时承担全家就寝、用餐、活动等多重功能。"筒子楼"住宅则由一条长走廊连接多个单间组成，卫生间为公用设施，未配备厨房，住户需在走廊内进行烹饪。

随着家庭人口数量的不断增长，1973年，国家基本建设委员会颁发了《关于修订职工住宅、宿舍建筑标准的几项意见》，规定"平均每户居住面积为 18～21m^2"。这比1966年建筑工程部提出的每户居住面积不大于18m^2的标准有所改善。随后，住宅户型有了一定创新，建造住宅能够为每个家庭提供独门独户的居住空间，套内配有卧室、起居室、厨房和厕所，居住更加舒适，私密性更强。各地根据住房分配制度，出台相应的标准图集，因此住宅形式、户型相对单一。同时，由于大多数住宅为砖混结构，采用预制楼板建设，根据《中华人民共和国国家标准建筑统一模数制》中"3Mo"（即300mm）的规范，规定住宅开间为2.7m、3.0m、3.3m等几个固定尺寸，户型设计十分受限。

（2）第二阶段（1979—1997年）居住空间设计发展的春天

1979—1997年，我国兴建塔式户型格局的住宅，实现了"居寝分离"。随着改革开放的深入推进，国民经济迅速发展，人民生活水平逐步提升。在此背景下，国家对改善人民居住条件愈发重视，制定了一系列住房改革政策，并逐步将国家统一建房分房制度转化为社会化住房保障体系。政府、企业和个人共同参与住宅建设，激发了住宅建筑行业的活力。

自1990年起，为了人民能够享有更为安定、幸福的家庭生活，国家陆续推出了安居工程、康居工程以及经济适用房等试点工程，推动了住宅建筑行业的蓬勃发展。同时，众多住宅小区试点项目促进了住宅设计的创新，使得住宅形式更加多样化。在此期间，塔式中高层住宅成为主流，单元户型采用"Y"形、"十"字形、风车形等不同格局，内部布局包括客厅、餐厅、卫生间、厨房、阳台等，实现了"大厅小卧""居寝分离"的设计理念。此外，住宅空间利用效率、通风和采光等方面相较于过去得到了显著提升。

（3）第三阶段（1998年至今）居住空间设计发展的百花齐放

1998年，我国正式发布《国务院关于进一步深化城镇住房制度改革加快住房建设的通知》（国发〔1998〕23号），旨在全面实现住宅社会化和商品化。自此，近五十年的福利分房制度正式落幕，住房供应主体由政府及单位转变为房地产商。政策变革激发了众多地产企业的崛起，长期受抑制的住房需求得以释放，住房市场迅速活跃。

在市场机制推动下，住宅户型种类愈发丰富，空间设计逐渐注重动静分区、餐居寝学功能的分离，以及交通流线的明晰。同时，实用辅助空间的运用，如门厅、主卫、客卫、衣帽间、书房、茶室、储藏间等，使空间舒适度得到显著提升。此外，居住空间设计风格也日益多样化，包括古典中式、新中式、现代简约以及欧式等风格争奇斗艳。住宅建筑行业的蓬勃发展，使得居住空间设计呈现出百家争鸣、百花齐放的繁荣景象。

2013年起，随着家庭收入的稳步提升，民众的文化素养得到提高，对住宅的需求已从单纯的数量需求转向了质量需求。民众对住宅的要求更加倾向于高品质、优良性能和个性化，以满足其日益增长的生活需求。同时，住宅建造技术和建筑装饰工艺的持续升级，以及新材料、新工艺的不断涌现，促使住宅从刚需型向改善型和享受型转变。住宅装修也从基本的装修逐渐向舒适化转变，并更加注重个性化设计的发展。特别是党的二十大报告对"推动绿色发展，促进人与自然和谐共生"作出重大安排和部署，强调必须牢固树立和践行绿水青山就是金山银山的理念，要站在人与自然和谐共生的高度谋划发展。这为居住空间设计指明了新路径，生态、健康、环保、文化和可持续发展统一的理念，将居住空间设计推向更高层面上的发展空间，也标志着居住空间设计思想逐步成熟。设计更注重室内与自然、科技、文化、经济等方面的思考，更加注重设计对人的关怀，"以人为本"的设计理念进入寻常百姓家，迎来了新发展空间。

三、居住空间设计的任务

居住空间设计的任务是为人们的居家生活创造一个理想的内部环境，以满足私人空间的安全、健康、舒适和美观等需求。与公共空间相比，居住空间相对较小，功能较多，对安全性、经济性、舒适度、健康、个性化和智能化等要求更高。主要满足以下方面的需求：

一是安全与私密性的需求。居住空间设计要考虑居住空间的坚固、耐久、防火、防盗、防寒、防潮、通风等，充分考虑居住者的私密性，尤其是卧室、卫浴等空间的私密性设计。

二是健康与舒适的需求。按照人们的生活需求特点，合理布置住宅空间，运用环保节能材料，创造自然、舒适、健康的居住环境，并满足空间在视觉、听觉、触觉、嗅觉等方面的舒适度。

三是智能化与个性化的需求。追求居住的便捷性和智能化，居住空间安装有智能家居系统，可对家中的温度、湿度、照明、安全进行远程控制和管理，实现智能化生活。在装饰风格、家具摆放、饰品陈设等方面，都会根据自己的爱好和生活习惯自由安排居住空间，达到个性化的效果，实现空间的艺术性和功能性完美结合。

四、居住空间设计的程序

居住空间设计的程序可分为五个阶段，即设计准备阶段、设计定位阶段、方案设计阶段、施工图绘制阶段和工程施工阶段。以下为居住空间设计的程序（表1-1-1）。

居住空间设计的程序　　　　　　　表1-1-1

实施步骤	设计内容	
设计准备	业务沟通：客户装修需求调研，掌握客户装修设计需求、确定设计计划。若属于委托设计则签订设计合同	
	收集资料：现场勘察项目，掌握项目基本信息，了解项目周围环境，测量原始户型尺寸，绘制原始户型建筑结构图	
设计定位	户型布局：户型利弊分析、功能动线分析、户型改造、平面布置	
	设计创意：与客户沟通交流，收集分析客户设计需求，归纳核心的设计要素，确定设计风格、构思设计方案	
方案设计	根据分析得到核心设计需求，深化项目设计方案	界面设计：地面、立面、顶面等空间造型设计
		色彩搭配：确定空间主色调和色彩搭配体系
		光影营造：空间采光、照明设计
		陈设设计：家具、陈设品、绿化等布置设计
		材料与设备选用：选定装修材料样式、规格；选定设备类型，须提前选定隐蔽工程预埋设备、管线，或智能家居相关配套设备

续表

实施步骤	设计内容	
施工图绘制	平面图：平面布置图、吊顶平面图、给水排水布置图、照明灯位设计图、电控平面图、插座平面图、网络及智能设备线路平面图、家具尺寸平面图等	
	立面图：餐厅、客厅、卧室等各空间界面的装饰方式、材料使用规格	
	大样图、剖面图：各空间界面构造节点详图、细部大样图、材料使用规格和施工工艺要求	
工程施工	工程预算：核算工程装修总造价，列清造价明细、施工工艺、材料规格型号	
	图纸会审和技术交接：应组织设计方、施工方和业主一同审核施工图纸；在施工前，需要设计师与施工主管对设计方案、施工工艺等技术图纸进行现场交接	
	项目施工：施工部门组织施工人员严格按照施工图纸现场装修施工	
	项目竣工验收：组织业主、设计人员、施工管理人员等进行工程竣工验收	

五、设计师必备专业能力与素质

高品质的居住空间设计项目的完成，是设计师艺术素养、知识水平、创新思维以及施工工艺的完美结合。设计师需要具备全面的设计任务完成能力，这些能力包括但不限于艺术美学素养、交际沟通能力、专业基本常识、装修施工工艺以及设计表现能力。这些要素共同构成了设计师在居住空间设计领域的核心竞争力，为项目的成功实施提供了有力保障（表1-1-2）。

设计师必备专业能力与素质　　　　表1-1-2

关键能力	主要内容	
专业能力	空间组织能力	空间布局改造能力；动线优化设计能力
	设计表现能力	空间尺度把控能力；空间风格塑造能力；空间色彩搭配能力；居室陈设设计能力
	施工图绘制能力	绘制施工平面布置图、立面图、剖面图、大样图等
	装修施工工艺	熟悉施工工艺、了解装修各种材料、工程概预算
	专业基本常识	建筑结构、建筑技术（水、暖、电、网络、智能等）等专业知识
		熟悉人体工程学：人体基本尺寸、家具尺寸、空间尺度及比例等
艺术美学素养	熟悉居家生活管理、现代设计潮流和设计发展新趋势，掌握艺术设计形式美法则等，形成自身独特的设计思维和艺术审美观	
职业素养	社会责任感、职业操守以及专业创新探索精神	
交际沟通能力	人际交往能力、沟通表达能力、公关礼仪知识等	

❖ 本项目小结

本项目详细地阐述了居住空间设计的概念，并通过介绍我国从原始社会晚期至今的居住空间设计变迁，揭示不同历史时期人们对居住空间在生理和心理上的需求。面对当前的社会环境，人们对居住空间设计的需求已逐渐超越基本的生活需求，更多地关注安全性、经济性、舒适度、健康、个性化及智能化等方面的要素。

此外，项目还对居住空间设计的程序进行了概述，并探讨了设计师在实践中所需的专业能力与素质。通过这一内容的学习，为后续的系统学习奠定坚实的基础，使学习者能够明确在居住空间设计中应关注的关键要素以及应具备的专业技能。

❖ 推荐阅读资料

1．《id+c 杂志 室内设计与装修》和《室内》
2．建 E 室内设计网

❖ 学习思考

1．填空题

（1）在仰韶文化时期，人类房屋有_____或_____两种形式，有_____、_____或_____建筑三种类型。

（2）在龙山文化时期，房间开始按照功能需求划分为_____和_____，白灰抹面技术也被广泛应用。

（3）汉代的_____、_____、_____和_____等装饰品和装饰材料普遍被用于居住空间，丰富了室内陈设和装饰。

2．选择题

（1）居住空间的设计需要精心调整和布局，包括（　　）、通风等。
A．采光　　　　B．湿度　　　　C．隔声　　　　D．防火

（2）居住空间设计的程序可分为五个阶段，即（　　）、设计定位阶段、方案设计阶段、施工图绘制阶段和工程施工阶段。
A．实地考察阶段　　　　　　B．草图设计阶段
C．施工准备阶段　　　　　　D．设计准备阶段

（3）居住空间设计对设计师的要求非常高，其中包括艺术美学素养、交际沟通能力、专业基本常识、（　　）以及设计表现能力等多方面要素。
A．业务交流　　　　　　　　B．装修施工工艺
C．绘制图纸　　　　　　　　D．工程预算

3．简答题

（1）居住空间设计的任务是什么？
（2）居住空间设计的程序有哪些？

项目二　住宅建筑结构及空间组织形式

❖ 教学目标

通过本项目的学习，使学生能够依据各类划分方法掌握住宅建筑的分类，理解住宅建筑的结构特点，掌握居住空间中各子空间的组织形式，在此基础上，培养学生初步的居住空间设计能力。

❖ 教学要求

知识要点	能力与素养要求	权重	自测分数
低层住宅、多层住宅、高层住宅	掌握住宅建筑类型及特点	20%	
砖混结构、钢筋混凝土结构、钢结构	掌握住宅建筑结构类型及特点	20%	
公共空间组织形式、家务空间组织形式、私密空间组织形式	掌握居住空间组织形式	30%	
切断、分隔、水平高差、通透	掌握居住空间处理形式	30%	

❖ 教学内容

住宅建筑是专门为居住用途而设计和建造的建筑物，旨在为人们提供安全、舒适和功能齐全的居住环境。住宅建筑的类型多样，包括低层住宅、多层住宅、高层住宅，根据所使用的建筑材料的不同，其结构主要可分为砖混结构、钢筋混凝土结构和钢结构等类型。住宅建筑的设计不仅要考虑结构的稳固与耐用，还要关注空间的组织与流动性，典型的住宅建筑包括多个功能区域，如公共空间、家务空间和私密空间，在设计上可灵活运用空间组织处理形式划分空间，以确保居住的舒适性和便利性。

一、住宅建筑类型

根据《城市居住区规划设计标准》GB 50180—2018 中的分类，按住宅的层数可将住宅类型分为低层住宅、多层住宅、高层住宅，具体如下：

1. 低层住宅

住宅按层数划分，1～3 层的住宅为低层住宅，有以下 3 个基本特征：

1) 建筑层数少，住宅上下层之间联系方便，私密性强。

2) 平面布置紧凑，组合灵活，结构简单，拥有独立或半独立式院落（图 1-2-1、图 1-2-2）。

3) 既能满足大套型、高标准的要求，又能适应一般或较低标准等不同的生活需求。

2. 多层住宅

多层住宅，即 4～9 层的住宅楼，适合居住，环保经济。其布局一般为一梯两户、一梯三户、一梯四户，有适宜的住户数量，节约能源。优点是低密度、低容积率、舒适环境、稳定安全；缺点是视野受限，采光通风可能不佳。

3. 高层住宅

高层住宅是指 10～26 层的住宅建筑。此类住宅建筑可在首层或二层设置商业服务网点。其主要建筑结构类型包括框架、剪力墙、框架－剪力墙、框架－核心筒等形式，常见的布局形式有塔式、单元式和通廊式。其内部格局一般为两梯三户或两梯四户，具有节省土地资源、提高住房容量和居住人口密度、视野广阔、通风日照条件良好等优点（图 1-2-3）。

图 1-2-1 独栋别墅设计图（上左）
图 1-2-2 联排别墅设计图（下左）
图 1-2-3 高层住宅设计图（右）

二、住宅建筑结构

住宅建筑结构是住宅的核心构成部分，其主要包括基础、墙体、柱、梁、楼板、屋架等构件，形成一个能够承受各种正常荷载作用的骨架结构。根据所使用的建筑材料的不同，建筑结构主要分为砖混结构、钢筋混凝土结构和钢结构等类型。在现代住宅建筑中，砖混结构和钢筋混凝土结构是最为常见的建筑结构类型。

（一）砖混结构

砖混结构是指建筑物中采用砖或砌块砌筑作为竖向承重结构的墙体，横向承重的梁、楼板、屋面板以及构造柱等采用现浇的钢筋混凝土结构。其适合开间进深小，房间面积小，多层或低层的建筑，多用来建造 6 层以下的低层居住建筑。其缺点是房屋的承重墙体不能改动，房屋内部空间无法做二次改造，房屋使用寿命较短，抗震等级较低；优点是造价成本低。

（二）钢筋混凝土结构

钢筋混凝土结构是房屋的主要承重结构，如柱、梁、板、楼梯、屋盖等全部采用钢筋混凝土，而墙体则使用砖或其他材料构建的建筑形式。此类结构在大型公共建筑、工业建筑以及高层住宅中得到广泛应用。其优势在于房屋开间和进深较大，空间组织极具灵活性，同时具备良好的抗震性能、整体性、抗腐蚀和耐火能力，使用寿命长久，设计使用年限亦较长。在钢筋混凝土结构的分类中，包括了框架结构、剪力墙结构、框架－剪力墙结构以及筒体结构四种类型：

1. 框架结构

框架结构是指由梁、柱以及钢筋相连组成的纵向和横向结构，该结构承担竖向和水平荷载。此类结构的空间划分灵活，便于创造出底部大空间，但室内存在突出的梁和柱子，其适用于不超过 15 层的住宅建筑。

2. 剪力墙结构

剪力墙结构是一种高层住宅常采用的建筑结构，其特点是通过钢筋混凝土墙板承受竖向和水平荷载，以替代传统框架结构中的梁柱。这种结构具有优良的整体刚度，侧向位移较小，墙体数量较多，刚度和自重较大，适用于高层住宅建筑结构。

3. 框架－剪力墙结构

框架－剪力墙结构，又称框支剪力墙结构，是一种在框架结构内设置适当剪力墙的建筑结构体系。在这种结构中，剪力墙主要负责承受水平荷载，而竖向荷载则由框架承担。其优势在于空间布局灵活，可实现大空间设计。此类结构适用于 15～30 层的住宅建筑。

4. 筒体结构

筒体结构是由一个或多个筒体作为承重结构的高层建筑体系，适用于超高层建筑。筒体结构在侧向风荷载的作用下，其受力类似刚性的箱形截面的悬臂梁，迎风面将受拉，而背风面将受压。筒体结构可分为框筒体系、筒中筒体系等。

（三）钢结构

钢结构，作为一种主要由钢制材料构成的建筑结构，是诸多主要建筑结构中的重要类型。其优势在于自重较轻、施工便捷，同时能够打造出大跨度、高净空的空间，因此在厂房、体育场、机场以及超高层建筑等领域得到了广泛应用。

三、居住空间组织形式

住宅，作为家庭日常居住的建筑物，是人们根据自身生活需求，运用现

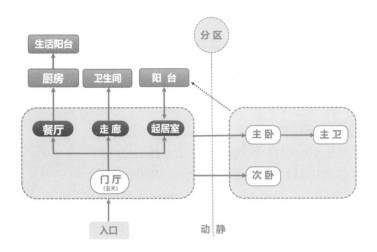

图 1-2-4 居住空间各个功能区关系图

有物质技术手段所创造的家居生活空间。主要包括起居室、餐厅、卧室、卫生间、厨房和阳台等区域（图 1-2-4）。根据居住者在室内的活动特性，可将其分类为公共空间、家务空间和私密空间。各个区域应承载不同内容和性质的活动，使其在各自的行为空间内进行，以实现互不干扰，进而达到生活舒适和健康的目标。

（一）公共空间

公共空间，涵盖门厅、起居室、餐厅、走廊、套内楼梯等区域，构成了家庭成员互动、活动、娱乐的主要场地，同时承担着接待宾客、对外交流的功能，展现家庭的风貌。这一部分是居住空间设计的重要部分。

1. 门厅

门厅是居住空间出入区域，是出入室内外的过渡空间，也称玄关、过厅（图 1-2-5）。

门厅过道净宽不宜小于 1.2m。

图 1-2-5 门厅设计图

门厅设计要点：

1）突出功能性：要满足主人进出换鞋、脱衣、置物、迎送客等实际需要，常设有鞋柜、衣帽柜、镜子、穿鞋凳等。

2）注重私密性：避免客人进门对整个居室一览无余。采用木质、玻璃等材料做好空间形式隔断，保证主人的私密性。

3）展示主人格调：门厅是访客到家第一步，要注重门厅装饰格调，充分展示主人品位。

2．起居室

起居室，又称客厅，是居住空间中使用频率最高的地方，可用于会客、娱乐、休息、视听、阅读、团聚等活动（图1-2-6）。当起居室相对独立时，使用面积一般不少于15m^2，面宽3.6～4.8m，进深3.5～6.2m，主要通道净宽不小于900mm，布置家具的墙面直线长度宜大于3.0m。一般情况下，住宅套内使用面积40～90m^2时，客厅面积为16～24m^2；套内使用面积90～150m^2时，客厅面积为20～24m^2。

起居室设计要点：

1）家具布局人性化：起居室是住宅的综合性场所，兼顾使用功能多，主要布置有沙发、茶几、电视机、音响、电视柜、陈设柜等物品。在设计时，要结合业主实际需求和生活动线要求进行设计。沙发布置方式可运用"L"形、"C"形、"一"形或对称式等。

2）设计风格统一性：起居室是住宅核心区域，是体现主人品位的区域，统领了整个住宅空间设计风格走向。因此，起居室是设计师花费最大精力设计的地方，是居住空间设计的重中之重。

3．餐厅

餐厅，作为家人用餐及款待亲朋好友的场所，是与客厅、厨房等区域紧密相连的住宅公共空间。根据住宅空间的规模及空间布局，可以将餐厅设计为

图1-2-6 起居室设计图

图 1-2-7　餐厅设计图

独立餐厅、客厅兼餐厅或厨房兼餐厅等形式（图 1-2-7）。

餐厅的面积：供 3~4 人就餐的餐厅，其面宽应不小于 2.7m，使用面积不宜小于 10m^2；供 6~8 人就餐的，面宽不宜小于 3.0m，使用面积不宜小于 12m^2。预留通行过道面宽不宜小于 600mm。

餐厅的家具主要有餐桌、餐椅、餐边柜等。餐厅设计时，对色彩搭配较为讲究，尽可能采用明朗轻快的色调，如橙色、黄色等暖色调，营造空间温馨感，有利于增进就餐食欲。

（二）家务空间

家务空间是为家务活动如清洁、洗晒衣物、烹饪等活动所提供的空间。家务空间包括厨房、储物间、生活阳台等。

厨房

厨房是指可在其中准备食物烹饪的房间，具备着食物的储物、备膳、烹饪、洗涤等功能（图 1-2-8）。

图 1-2-8　厨房设计图

封闭式厨房净宽不应小于1.8m,净长不宜小于2.1m,净面积不应小于4m²。

1) 厨房类型:封闭式、半开放式、全开放式等空间组织类型。
2) 厨房设施:抽油烟机、燃气灶、烤箱、消毒柜、微波炉、冰箱、洗菜槽、操作台、储物柜等。
3) 厨房布局:遵循"取存—洗涤—烹饪—出餐"操作次序,并依据人体工程学、动作区域、操作效率、设施操作先后左右的顺序和上下高度合理布置。厨房工作区布局样式通常有"L"形、"一"形、"二"形、"U"形、岛式布置等。
4) 单排布置设备的地柜前宜留不小于1.5m的活动距离,双排布置设备的地柜之间净宽不宜小于900mm。洗涤池与灶具之间的操作距离不宜小于600mm。

(三) 私密空间

私密空间包括卧室、衣帽间、卫生间等空间,是家庭成员独自使用的空间,对私密性要求较高,供人休息、睡眠、淋浴、梳妆、更衣等。

1. 卧室

卧室是提供睡眠、休息的空间,并附带更衣、梳妆、卫浴、学习等使用功能,是私密性极强的区域。因此,卧室设计力求空间绝对隐私,确保营造温馨、环保、舒适的空间氛围。

卧室类别:主卧、次卧(包括子女卧室、老人卧室、客人卧室、保姆房等)。

(1) 主卧

主卧作为房屋主人睡眠、梳妆、更衣、学习、盥洗等使用的独立空间,面积比其他卧室都要大,私密性高,不应受到其他房间的影响(图1-2-9)。

图1-2-9 主卧设计图

主卧使用面积不应小于 10m²。常用的尺寸有 3.3m×3.6m、3.6m×3.9m、3.9m×4.2m、3.9m×4.5m 等,最小的尺寸不得小于 3.0m×3.3m。

（2）次卧

次卧一般采用 3.0m×3.3m、3.3m×3.6m 等尺寸。

1）子女卧室,是孩子睡眠、游戏、学习的独立空间。因孩子的年龄、性别、性格等因素,对卧室的功能需求各不相同（图 1-2-10）。婴儿期（0～6岁）卧室可适当配置婴儿床,拓宽游戏活动区域；童年期（7～13岁）卧室应具备睡眠、学习、游戏等功能,并根据孩子性别、性格及兴趣特点,配置玩具储蓄架、梳妆台、学习桌等；青少年期（14～18岁）是学习成长关键时期,卧室应注重学习功能性。

2）老人卧室,根据老年人的特点,装修设计要注意以下两点：

一是保证卧室通风、采光良好,加强隔声降噪,营造安静环境,有助于老人睡眠。

二是考虑到老年人的特点等因素,房间面积不宜过大,要注意防撞防摔的保护,家具边角要圆润,床面高度不宜过高过矮,应适合起坐动作；不能设门槛,地面平整防滑,以免行走滑倒；墙边可安装扶手,便于行走拉扶（图 1-2-11）。

2. 书房

书房,亦称家庭工作室,为现代住宅空间不可或缺的组成部分,旨在满足家庭成员的阅读、书写、工作及研究需求。书房通常使用面积为 6～12m²,配备书写台、书架、书柜、座椅以及休闲躺式沙发等设施。根据布局特点,书房可分为封闭式和开放式等类型（图 1-2-12）。

3. 卫生间

卫生间,作为现代住宅不可或缺的组成部分,提供了居住者进行盥洗、

图 1-2-10 儿童卧室设计图

图 1-2-11 老人卧室设计图

图 1-2-12 书房设计图

沐浴以及如厕等日常生活所需的私密空间。在现代住宅中，至少配备有一个卫生间，并根据住宅面积的大小，有可能设置多个卫生间，包括客卫（公共卫生间）和主卫（主人卫生间）等。

卫生间的面积一般 $4m^2$ 左右，常用尺寸为 2.0m×2.0m、1.8m×2.2m。

卫生间可根据使用面积大小划分有盥洗区、洗浴区、如厕区等，应尽可能地实现干湿分离。常用设施主要有淋浴器、便池、洗盘、浴霸、浴缸、马桶等。

卫生间是家庭生活中使用频率最高的事故"易发地"。装修时要做好防滑、防漏水、防触电、通风、采光等。

四、居住空间处理形式

住宅的空间划分设计是整个装修工程的骨架，具有先决性和基础性的重要地位。常用空间组织处理形式有以下四类：

（一）切断

采用板材、砖块等实体性物件划分空间，称为切断，属于封闭式空间隔断。切断处理形式，可以排除噪声、人流干扰，形成私密度和独立性较强的空间，常用于卧室、卫生间等独立性强、私密性高的空间。

（二）分隔

分隔是最普遍的空间处理方式。通常采用的分隔形式有以下三种。

1. 实体性分隔

采用屏风、吧台、沙发、矮柜或其他实体性物件划分空间。可让各空间保持一定独立性，又丰富空间层次（图1-2-13）。

2. 象征性分隔

用陈设品、灯罩、栏杆、构架等做通透隔断，或者通过色彩、光线、材质等元素分隔空间，属于象征性分隔（图1-2-14）。

3. 弹性分隔

利用拼装式、直滑式、折叠式、升降式等可移动的帘幕、家具、陈设等分隔空间，可以根据使用要求随时启闭或移动，空间也可随之或大或小，或分或合。这种分隔形式灵巧方便，实用性强，造型变化丰富（图1-2-15）。

（三）水平高差

水平高差分隔主要是指通过对地面或顶面进行抬高或降低处理，实现空间转换、界定功能，使空间错落有致，丰富空间立体层次感（图1-2-16）。

图1-2-13 采用玻璃隔断划分空间

图 1-2-14 运用雕塑将客厅餐厅进行象征性分隔

图 1-2-15 采用可移动屏风分隔空间

图 1-2-16 抬高玄关处地面,丰富空间立体层次感

(四) 通透

通透与分隔、切断的做法相反，其是将原本不合理的隔断墙体全部或部分拆除（注意不能破坏建筑物承重结构）。通过完全打通、局部打通的做法，打破空间局促围合，使其与相邻空间交融一体，拓宽空间视野，提高室内采光性、通透性。这种处理方式可消除窒息感和压迫感，使空间更具延伸性、互动性和流畅性（图1-2-17）。

图1-2-17 拆除阳台与客厅间的推拉门，整体空间显得更加宽敞、通透

❖ 本项目小结

本项目主要探讨住宅建筑的多样性，依据所使用的不同建筑材料，将住宅建筑结构细分为：砖混结构、钢筋混凝土结构和钢结构等类型。此外，还介绍了现代居住空间中各个功能区域的核心概念及其设计要点，包括门厅、起居室、餐厅、书房、卧室、卫生间和厨房等。为了帮助学生更好地理解空间界面处理，本项目还全面解析空间处理的几种常见手法，包括切断、分隔、水平高差及通透。

❖ 推荐阅读资料

1. 尤呢呢. 装修常用数据手册：空间布局和尺寸[M]. 南京：江苏凤凰科学技术出版社，2021.
2. 逯薇. 小家，越住越大[M]. 北京：中信出版社，2016.

❖ 学习思考

1. 填空题

（1）按建筑层数分类，住宅可分为_____、_____、_____三种类型。

（2）钢筋混凝土结构分类有四种：_____、_____、_____、_____。

(3) 现代居住空间主要包括_____、_____、_____、_____、_____和_____等。

2. 选择题

(1) 高层住宅通常指的是（　　）的住宅建筑。
A.1～5层　　　　B.6～9层　　　　C.10～26层　　　　D.27层及以上

(2) 框架结构是指由梁、柱以及钢筋相连组成的纵向和横向结构，其适用于不超过（　　）的住宅建筑。
A.5层　　　　　B.9层　　　　　C.12层　　　　　D.15层

(3) 门厅过道净宽不宜小于（　　）。
A.1.2m　　　　B.2m　　　　　C.2.5m　　　　　D.3m

(4) 常见的厨房工作区布局样式有"L"形、"一"形、"二"形、（　　）、岛式布置等。
A."G"形　　　　B."U"形　　　　C."K"形　　　　D.扇形

3. 简答题

(1) 起居室的设计要点有哪些？
(2) 常用的空间分隔形式有哪几种？

项目三　居住空间设计风格

❖ **教学目标**

本项目旨在让学生掌握主流居住空间设计风格，具备判别设计风格能力。能识别各设计风格的特征，理解其历史背景和文化内涵，并应用于实际设计。教学包括：解读风格特点，对比案例，探讨历史背景，分析实际案例等。学生将能独立思考和解决问题，根据需求选择合适风格进行设计，为其在室内设计领域发展奠定基础。

❖ **教学要求**

知识要点	能力与素养要求	权重	自测分数
居住空间设计风格类型：中式风格、东南亚风格、现代简约风格、现代雅致风格、欧式风格、后欧式风格群	掌握居住空间主流的设计风格类型	50%	
各类居住空间设计风格特点：色彩、材料、装饰元素特点以及设计手法	掌握各种居住空间设计风格的特点	50%	

❖ **教学内容**

居住空间设计风格的形成，是在各个时期思潮及地理特点影响下，演变出的整体特征与趋势，与特定时期和地域的文化及自然环境紧密相连。

现今主流的居住空间设计风格包括中式风格、东南亚风格、现代简约风格等。

一、中式风格

中式风格包括中式古典和新中式两大类。

中式古典风格是在室内布置、线形、色调以及家具、陈设的造型等方面，借鉴中国传统装饰"形"和"神"的特征。例如，吸取中国传统的室内藻井、屏风、隔扇、挂落、雀替等的构成和装饰特点，以及采用明、清家具造型和款式特征等，采用对称的空间布局手法，营造一种稳重端庄、宁静雅致的居住空间氛围（图1-3-1）。

新中式风格是中式传统风格与现代时尚元素的结合体。它以中国传统文化为背景，运用现代的施工技术和材料，创造出适合时代的风格空间。这种风格空间兼具典雅、舒适、时尚的人文特征，弥补了传统风格的不足，宣扬了中国独有的浪漫情调和东方之美，非常符合东方人的传统文化情结，并与现代时尚风格相结合。它的优势在于将传统和现代融合在一起，实现了相互渗透，带给人们不同寻常的感受（图1-3-2）。

新中式风格设计以传统古典文化作为背景，营造一种素雅恬静、儒雅轻灵、悠然自在的空间氛围，常用的设计元素主要有以下几个方面：

（一）建筑元素

建筑装修中，外檐装修主要包括室外有栏杆的走廊、檐下的挂落和对外的门窗等；内檐装修包括隔断、罩、天花等。常见的中式装饰样式有板门、隔扇门、罩、槛窗、直棂窗、漏窗、支摘窗等（图1-3-3）。

图1-3-1 中式古典风格

图1-3-2 新中式风格

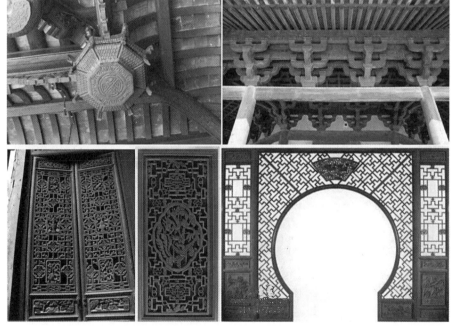

图1-3-3 传统建筑构架元素

（二）装饰元素

1）色彩：色彩搭配中，常用传统色彩有红色、黄色、金色、绿色、蓝色，各种木、竹原色，以及栗色、黑色、棕黄色、棕灰色、白色等。

2）图案：以中国传统的祥瑞文化为主，常用吉祥的图案、纹样、色彩、数字或典故等。

3）家具与陈设品：要与时俱进，既要保留传统韵味，又要注重现代时尚的融入，让空间显得古香古色韵味十足，又不失典雅时尚。

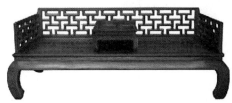

图1-3-4 中式家具

- 家具：主要有床、桌、椅、凳、几、案、柜、屏风等，材料主要为木材，多用紫檀、楠木、花梨、胡桃等贵重硬木，并配以大理石、藤、竹、树根制作（图1-3-4）。
- 陈设品：主要有字画、匾幅、挂屏、盆景、瓷器、古玩等，陈设品造型讲究对称，色彩讲究对比，装饰材料以木材为主，图案多为龙、凤、龟、狮等，精雕细琢、瑰丽奇巧。

（三）设计方法

中式风格家装彰显我国深厚的传统文化及思想内涵，在满足实用功能的基础上，力求营造闲适且富有诗意的意境。以下是中式风格的主要设计手法：

1. 保留传统元素

挖掘我国传统经典元素，如古典家具、传统空间布局、古老材料、装饰艺术以及经典色彩等，将其巧妙融入现代居住空间设计中，以此传承和弘扬我国深厚的传统文化。中式风格中常见的传统经典元素包括木质家具、古建筑构架，以及木头、竹子、毛石、黄石、砂岩、粗陶、紫砂、青砖等。与古老的建筑部件、宗教物品（如佛像、唐卡、宗教器具）、字画和乐器等多元化运用，打造出充满浓厚传统氛围的空间（图1-3-5、图1-3-6）。

2. 古今融合

打破传统中式风格固有观念，结合现代居住空间设计理念，将传统的"繁"和现代的"简"有机结合，或者在现代居住空间格局中采用中式的装饰样式，或者在满足现代居住功能条件下加入传统元素，通过构图、材料、色彩，呈现中式的意蕴，使人既享受到现代生活的舒适便利，又感受到中国传统文化氛围（图1-3-7）。

图1-3-5 茶室空间（左）

图1-3-6 中式风格客厅空间（右）

图1-3-7 采取对称的传统设计形式、装饰样式与现代居住格局结合

3. 园林手法

居住空间设计中使用中国传统的园林造景手法，采用自然景观，如把山石、花卉植物、水景等引入室内，可将自然和人文环境相融合，营造出氛围优雅、意境清幽的"天人合一"的居住环境（图1-3-8）。

图1-3-8 中式室内园林

模块一 居住空间设计基础篇

图 1-3-9 简化造型

图 1-3-10 材料新形式

4. 创新手法

使传统形式和现代实用功能完美结合,需要在空间设计、家具和陈设品的样式上进行创新。需要提取恰当的传统图案元素和形式元素,并通过提炼、变形、移植、重组或再造等手段,取其传统文化之"形",延续其"意",并传承其"神",实现既满足家居功能,又营造出新的中式家居意境(图 1-3-9、图 1-3-10)。

二、东南亚风格

东南亚风格是一种结合东南亚国家岛屿民族特色的家居设计形式。

东南亚地区包括越南、老挝、柬埔寨、缅甸、泰国、马来西亚、新加坡、印度尼西亚、菲律宾、文莱以及东帝汶11个国家。这些国家多临海洋，历史上移民潮涌，深受中世纪阿拉伯文化和西方殖民文化的影响，因此在建筑和装饰领域呈现出多元化的殖民地风格。主要特征有两种：一是融合浓郁的中国风情；二是混搭欧式风格。此外，由于多数国家信仰佛教，其建筑和装饰风格独特，富有神圣、清雅和神秘的气息。东南亚风格为东西方文化交融的典范，注重细节和软装点缀，善于运用对比展现强烈视觉冲击。

木石结构、砂岩装饰、墙纸、浮雕、木梁、漏窗，都是东南亚传统风格的主要元素。其设计方法体现在以下四个方面：

（一）崇尚自然，喜爱天然用材

东南亚位于湿润丰饶的热带地区，主要由岛屿和山地构成。因此，家居产品多采用本地盛产的木材和其他天然原材料，如木头、藤条、黏土和石材等。其中，木材、藤条和竹子是室内装饰的主要选择，特别是柚木家具颇具特色。装饰风格强调原始藤木和原木的内在质地和色泽，多为褐色等深色系。墙面装饰注重体现泥土的质朴和自然粗犷的效果，如鹅卵石铺砌的墙面和地面，搭配棕榈叶图案的壁纸，以及纹理质感突出的壁纸。家具设计摒弃了复杂的装饰线条，以简洁大方为主导（图1-3-11）。

（二）色彩搭配神秘、高贵

东南亚风格色彩搭配充满活力，多用高明度的红色、金色、蓝色、紫色等。

图1-3-11 东南亚风格

配色方法有两种：一是以棕色或咖啡色为主，配以白色或米黄色进行调和，呈温和中性；二是选鲜艳的主色，如橘红色、黄色、紫色、绿色等，配鲜艳的布艺、黄铜或青铜饰品及藤木家具。此搭配凸显出东南亚风格的独特魅力与活力（图 1-3-12 ～图 1-3-14）。

（三）富有禅意的手工配饰

东南亚地区深受佛教文化的影响，装饰品形状和图案多和宗教、神话有关。芭蕉叶、大象、菩提树、莲花等是主要装饰图案。富有特色的手工制品，如各种藤、草、竹、木、椰壳、棕榈叶制成的配饰品摆放在家中，透出宗教禅意。印尼的木雕、泰国的锡器常用作重点装饰，蒲草、独木舟造型的配饰、铜制灯具是东南亚风格的代表元素。

（四）具有民族特性的独特家具

东南亚风格的家具自然淳朴，藤、麻、海草和椰子壳等都是东南亚家具

图 1-3-12　东南亚风格色彩（一）

图 1-3-13　东南亚风格色彩（二）

图 1-3-14 东南亚风格色彩（三）

图 1-3-15 东南亚风格家具与配饰

的材质构成元素，材料中原有的肌理、色泽，蕴含着深层的本土文化意境。家具具有斜面和曲面的民族形态特征，直线的与曲线的对比是东南亚家具的常用设计手法（图 1-3-15）。

三、现代简约风格

现代简约风格的源头可追溯至西方现代主义。20 世纪初，德国魏玛市的包豪斯学校倡导现代主义，强调艺术与技术的融合，从而使现代设计从理想主义转向现实主义。现代主义建筑大师密斯·凡·德·罗（Mies Vander Rohe）的名言"少就是多（Less is more）"体现了简约主义的设计哲学，即去除一切多余之物。现代简约风格致力于将设计元素、色彩和材料简化至最低程度，空间的架构通过精确的比例和细节展现，追求简洁精致的设计感。这种风格主要具备以下两个方面的特点：

（一）化繁为简，追求统一、纯粹的形式美感

以构成设计的形式美法则为基线，在墙面、地面、顶面等空间界面设计以及陈设品搭配等方面都利用高低、长短表现空间的层次感，追求设计的几何性和秩序感，空间线条简约流畅（图1-3-16）。

图1-3-16 空间造型简洁大方

（二）注重空间色彩个性

常以低纯度的色系为基点，强调空间色彩搭配的理性、秩序，凸显含蓄与典雅的高级感，同时，通过在陈设品或局部空间添加高纯度的对比色，丰富空间色彩，营造惬意、轻松的气氛（图1-3-17）。

四、现代雅致风格

伴随着我国社会文化与经济的蓬勃发展，人们对生活品质与观念的理解亦在潜移默化中发生着变化。在此背景下，现代雅致风格应运而生，逐渐成为当今社会大众的一种生活态度。

这种风格注重高质感的材料、精致的设计和简约的布局，同时也融入了一些现代艺术元素，营造出一种既雅致又舒适的居住氛围。

图 1-3-17 色彩搭配大胆、视觉对比强烈

（一）空间设计强调功能实用性，追求简洁大方的设计感

现代雅致风格，强调空间的实用性和舒适性，展现高品质的现代家居环境。在空间造型和陈设品选用上，摒弃复杂的装饰元素和冗余的图案，追求简洁雅致的造型及优美的线条。整体空间呈现低调含蓄之美，彰显时尚设计气息（图 1-3-18）。

（二）色彩选择中性色，营造典雅温馨、时尚华丽的空间氛围

在色彩配置方面，通常倾向于运用富有高级感的中性色调，如米色、驼色、象牙白色、奶油咖啡色、黑色以及炭灰色等，以营造出"低调时尚"的空间氛围（图 1-3-19）。

图 1-3-18 空间造型简洁大方，陈设品造型优美雅致

图1-3-19 奶油咖啡色、米色和炭灰色搭配，营造氛围感

（三）材质搭配选择精致、科技感强的材料，丰富空间材质的层次感

在材料选取方面，通常倾向于采用大理石、黄铜、丝绒、金属、镜面、皮质、瓷砖以及木饰面等富有现代时尚质感的材料，通过精妙的搭配与组合，使得空间简洁大方又透露出高雅气息（图1-3-20）。

图1-3-20 选择浅色沙发、木饰墙面和金色装饰条搭配营造高质感空间效果

五、欧式风格

欧式建筑与室内设计风格起源于古希腊、古罗马时代，经历了由希腊风格、罗马风格、哥特风格、文艺复兴风格、巴洛克风格到洛可可风格的漫长历程。

（一）设计元素

1. 古希腊、古罗马元素

古希腊与古罗马的柱式，作为欧洲古典柱式的起源，对后世产生了深远

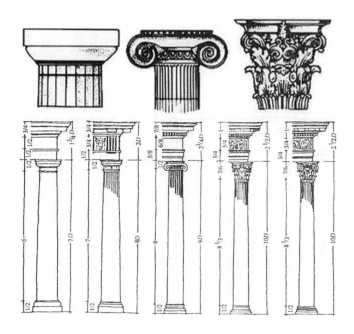

图1-3-21 古希腊、古罗马柱式

的影响。古希腊时期的三大柱式，包括多立克柱式、爱奥尼柱式及科林斯柱式；古罗马时期的五大柱式，即多立克柱式、爱奥尼柱式、科林斯柱式、塔司干柱式与复合式柱式，均成为欧洲建筑史上的重要组成部分（图1-3-21）。

2. 哥特元素

高耸而垂直的线条：哥特建筑，以其尖拱形设计，成为教堂的典型代表。这种创新改变了建筑给人的固有印象，呈现出轻盈、上升的视觉效果。高耸、笔直的造型和尖顶设计，以及强烈的向上动势，都与宗教的庄严神圣相呼应，完美地诠释了教会超凡脱俗的宗教理念（图1-3-22）。

空灵的结构之美：骨架券、双圆心尖券及尖券组合的空间结构，在实用性、支撑功能的基础上，兼具装饰美化和宗教的精神内涵。哥特装饰图案运用象征与隐喻的手法，传达宗教意蕴。建筑采用"十"字形结构，其上的玫瑰花窗与钻石形花瓣，寓意玫瑰与极乐世界。庞大且精细的浮雕营造出令人炫目的天国氛围；门洞尖券逐层内凹，形成透视门，突破厚重墙体的形象，展现灵动魅力（图1-3-23）。

图1-3-22 哥特式大教堂（一）

图1-3-23 哥特式大教堂（二）

3. 文艺复兴时期的建筑元素

文艺复兴时期的建筑元素以复兴古希腊、古罗马的柱式、山花与拱券为显著特征。但与古希腊建筑不同的是，文艺复兴时期的建筑师们往往不会单独运用山花和拱券，而是通过创新手法，表达和移植多样化的建筑语言。在此过程中，他们摒弃了具有神权象征的双圆心尖券，而主要采用罗马时期的半圆拱券，同时在墙角部分融入隅石装饰。

山花、拱券与柱式组合：在文艺复兴时期，建筑技艺突破，山花、拱券与柱式组合广泛应用。券柱、壁柱及山花结合，构成了帕拉第奥母题的常用建筑组合。帕拉第奥母题由建筑师帕拉第奥最终完善。帕拉第奥母题在处理大空间低层高立面时，巧妙用券柱与壁柱结合，双柱拓宽空间，圆形洞口增加开敞度，整体呈动态跳跃感（图1-3-24）。

4. 巴洛克元素

公元17—18世纪，在意大利文艺复兴的基础上孕育而生的巴洛克风格，呈现出更为自由、奔放和动态的特点，成为富丽豪华装饰的象征。此类风格善于运用穿插的曲面与椭圆形空间，展现出独特的艺术魅力。

戏剧化的效果：巴洛克风格追求室内装饰的戏剧化效果，展现内在张力美感。典型手法有：在扭曲线条、断裂构件上，叠加复杂线脚装饰。建筑采用椭

图1-3-24 运用帕拉第奥母题的建筑立面

图1-3-25 巴洛克风格的凡尔赛镜厅

圆和不规则平面设计，探索曲线动感。复杂拱券、漩涡状和折线形装饰等，呈现神秘、华美、幻化意境。断裂技巧用于山花顶部开口、嵌入图案等，可避免直角线脚，采用丰富带饰、雕刻、绘画，提升复杂性、多样性（图1-3-25）。

复杂多变的空间：打破文艺复兴时期的静态的空间构图形式，创造出跳跃、曲折的动态空间。具体表现为以双柱替代单柱、拱券与穹顶上雕刻有繁复的纹饰。飞舞的天使和繁密的植物藤蔓雕刻制造出多变的形体，创造出一个奇异的天国世界（图1-3-26）。

图1-3-26 复杂多变的顶棚

室内光影：追求神秘梦幻感，不规则的平面、凹凸有致的造型、镜面玻璃等反光材料，复杂华丽的灯具、光亮丝滑的帷幔织物，营造出奇妙的光影效果（图1-3-27）。

图1-3-27 梦幻般的室内光影（左）

色彩方面：追求华丽、强对比、热闹非凡，绘画构图追求动感，极为夸张，有透视感（图1-3-28）。

图1-3-28 富丽堂皇的装饰色彩（右）

5. 洛可可元素

洛可可风格的特征为造型精细、典雅、华丽且复杂。室内装饰及家具设计均偏爱贝壳图案、曲线以及莨苕叶锯齿状、"C"形、"S"形和涡旋状曲线，其追求的是非对称、动态、自由、纤细、精致且繁复的样式（图1-3-29）。

细巧的线条：建筑风格上，洛可可风格与巴洛克风格截然不同，追求细腻、柔美线条。取代巴洛克风格的壁柱，使用镶板、镜子。门窗线条采用多变曲线，转角处采用涡卷、花草、璎珞装饰。墙面为单色木质镶板，营造亲近感。

光滑精致的质感：洛可可风格致力于打造室内贵族气息，其追求的细腻与精致程度更为严谨。陈设饰品需具备晶莹透明、银光闪烁或金光熠熠的特质。通过纤细且脆弱的"C"或"S"形曲线、镀金枝叶装饰的镜框、玻璃镜面的反光、繁复装饰的水晶吊灯、家具上的镶嵌螺钿、光滑瓷器、闪耀绸缎帷幔以及华贵大理石壁炉等元素，共同构建出一个充满梦幻色彩的空间。

图1-3-29 洛可可建筑造型特点

图1-3-30 凡尔赛宫顶棚装饰

粉彩与重色对比：洛可可风格通常采用女性化的色彩，如同中国的粉彩瓷器的色彩，金色、白色、浅绿色、淡蓝色、粉红色等装饰墙面，显得柔和、优雅（图1-3-30）。

（二）设计方法

对于经典的古典元素，并不能生搬硬套地"拿来"，而要灵活运用，具体方法有以下几种：

1. 直接引用

任何人也无法复制古人的技术、材料与施工，无法绝对地模仿古人的建筑样式，在适当的空间，以适当的形式借鉴引用古典元素，使其符合现代生活方式与功能（图1-3-31）。

图1-3-31 洛可可设计风格（一）

图 1-3-32 洛可可设计风格（二）

2. 对比应用

采用将古典元素与现代元素相并存的方式，制造一种强烈的对比的效果，是另一种设计手法。对比引用需要两个方面：一是两种形式采用一种构图手法与美学元素，二是要创造一种优雅、和谐的新古典主义风格的整体空间效果（图 1-3-32）。

六、后欧式风格群

传统欧式风格历经当代各建筑流派的演绎，受到全球各地不同区域、不同国度人群的居住文化、生活需求等因素的影响，在经济全球化和信息化的大背景下，演绎出多种形态的欧式风格。

（一）地中海风格

地中海地区，作为西方宗教、哲学、科学的起源地，历史积淀丰富，文化色彩斑斓，呈现出一种独特的建筑文化形态。地中海风格多样，可分为希腊地中海风格、西班牙地中海风格、南意大利地中海风格、法国地中海风格以及北非地中海风格。

地中海建筑风格以其自然、朴实、浪漫的特点著称，独具地域特色。建筑造型注重平滑的曲线，墙体厚实，门窗相对狭窄，常设有室外平台（露台）。空间色彩搭配以海洋蓝、沙滩白为主，营造出宁静、温馨的氛围（图 1-3-33）。

地中海风格的客厅与餐厅地面常以花砖镶嵌勾勒出边界，或与地砖共同构建几何图案。以华美且典雅的仿古砖、透气性能优越的陶砖、黑白棋盘状的釉面砖以及手工编织的地毯作为地面铺装。楼梯通常采用厚实木板或瓷砖铺设，楼梯护栏或为矮墙，或选用铁艺制品（图 1-3-34）。

图 1-3-33 地中海风格的门窗

图 1-3-34 地中海风格地面与楼梯

(二)新古典主义风格

新古典主义的设计风格其实是经过改良的古典主义风格。其适合现代人居住,功能性强并且造型优雅。新古典主义风格从简单到繁杂、从整体到局部,精雕细琢,镶花刻金都给人一丝不苟的印象。能让人很强烈地感受传统的历史痕迹与浑厚的文化底蕴,同时又摒弃了过于复杂的肌理和装饰,简化了线条造型(图 1-3-35)。

新古典主义重新定义传统欧式构件的轮廓和特征,把繁复、严肃的装饰元素简化、浪漫化,这种手法处理还包含了空间中的家具和饰品(图 1-3-36)。

（三）雅致欧式风格

雅致欧式风格现已成为室内装修领域备受推崇的一种风格，其融合了现代舒适与高贵典雅的气质。此风格摒弃了传统欧式过于奢华、复杂冗繁的装饰以及甜腻的色彩，取而代之的是经过优化的欧式造型、淡雅的空间色调、几何线条以及典雅时尚的软装陈设，共同营造出一种充满欧式韵味而又不失生活气息的空间格调。这种风格既富有华美内涵，又充满了生活的舒适与浪漫，正逐渐为人们所喜爱（图1-3-37、图1-3-38）。

图 1-3-35 简化、提炼是新古典主义风格的特征（左）

图 1-3-36 从空间到家饰，充满了新古典主义风格的优雅（右）

图 1-3-37 低调化的色彩处理和几何线条

图 1-3-38 软装的混合材料运用在现代欧式风格中的体现

❖ **本项目小结**

本项目阐述了六大主流居住空间设计风格类型及其特点，明确了各类居住空间设计风格之间的差异与关联。通过对居住空间中色彩、材质、装饰元素、风格特性、设计技巧等方面的全面分析，有助于优化设计风格，提高设计水准，凸显空间个性，营造理想的居住环境。

❖ **推荐阅读资料**

1. 尤呢呢. 装修常用数据手册：空间布局和尺寸[M]. 南京：江苏凤凰科学技术出版社，2021.

2. 逯薇. 小家，越住越大[M]. 北京：中信出版社，2016.

3. 朱迪斯·古拉. 室内设计风格指南：从17世纪到现代[M]. 万晓璋，译. 武汉：华中科技大学出版社，2020.

4. 包豪斯档案馆，玛格达莱娜·德罗斯特. 包豪斯1919—1933[M]. 丁梦月，胡一可，译. 南京：江苏凤凰科学技术出版社，2017.

❖ **学习思考**

1. 名词解释

中式风格　　现代雅致风格　　欧式风格

2. 填空题

(1) 中式风格包括_____和_____两大类。

(2) 中式风格中的设计图案常以中国传统的祥瑞文化为主，常用吉祥的图案、纹样、色彩、数字或_____等。

(3) 东南亚广泛地运用木材和其他的天然原材料，以天然的＿＿＿＿、＿＿＿＿、黏土、石材为主。

(4) 现代主义建筑大师密斯·凡·德·罗（Mies Vander Rohe）的名言："少就是多（Less is more）"体现了简约主义的设计哲学，即＿＿＿＿＿＿＿。

3. 简答题

(1) 简述中式风格的主要设计方法。

(2) 简述哥特建筑的常见元素。

项目四　居住空间设计的形式美法则

❖ **教学目标**

通过本项目的学习，使学生掌握形式美法则的基本概念和基本类型，具备一定的形式美法则运用能力，并在后续的课程中能将形式美法则运用到居住空间设计当中，提高设计水平和美学素养。

❖ **教学要求**

知识要点	能力与素养要求	权重	自测分数
形式美法则的定义	掌握形式美法则的概念	50%	
形式美法则的类型：黄金分割率、对称与均衡、节奏与韵律、对比与调和	掌握形式美法则的类型	50%	

❖ **教学内容**

在住宅空间设计中，空间界面通过巧妙的分解与重塑，形成丰富多样的空间形态。各种元素组合方式的不同，将塑造出各异的空间格局。然而，无论采取何种组合方式，优秀的空间设计均遵循形式美的基本原则。形式美法则包括黄金分割率、对称与均衡、节奏与韵律、对比与调和等。其基本构成元素包括点、线、面、色彩、材质和光线等。因此，室内设计师在设计过程中需遵循形式美的规律，以创造出具有艺术美感的居住空间。

一、形式美法则的概念

形式美法则，顾名思义，关注的是艺术作品和设计中的形式美感。其核心观念在于，审美价值并非仅取决于事物本身的功能或实用价值，而是在于其形式、形状、色彩、材质等元素的综合表现。这些元素相互交织、相互影响，共同构成了一个和谐的整体，从而引发人们的审美愉悦。

关于"形式美"的探讨自古以来一直延续至今。在古希腊时期，毕达哥拉斯学派、柏拉图以及亚里士多德等哲学家均认为，形式是万物的本源，同时也是美的根源。早在那时，人们便开始研究并总结关于形式美的诸多法则，如均衡、比例、对比、节奏、对称、和谐以及重点等。英国文艺批评家克莱夫·贝尔（1881—1964）在19世纪末提出的"有意味的形式"对现代造型艺术产生了深远影响。这种"有意味的形式"既非纯粹的形式，也非内容与形式的简单统一。现代格式塔心理学美学的代表阿恩海姆在其著作《艺术与视知觉》中，将美归结为某种"力的结构"，认为组织良好的视觉形式能够带来愉悦感，艺术作品的实体即为其视觉表现形式。

总之，形式美法则作为美学研究的基本原则，广泛应用于各类艺术领域。对于艺术创作者来说，深入探究形式美法则有助于准确评估审美对象的美学价值，进而提升个人的审美素养。掌握形式美的法则，能够使人们在艺术创作中更加自觉地运用形式美的法则来表现美的内容，实现美的形式与美的内容的高度统一。

二、形式美法则的类型

（一）黄金分割率

1. 概念

黄金分割率也称为黄金分割比例，是公元前六世纪古希腊的数学家毕达哥拉斯所发现，后来古希腊的美学家柏拉图将其称为黄金分割。它是一个数字比例关系，即将一条线分为两部分，此时长段与短段之比正好等于整条线与长段之比，其数值比为1.618∶1或1∶0.618。

在文艺复兴时期，米开朗基罗、达·芬奇等杰出艺术家致力于探索美的奥秘，深入研究了黄金分割原理，认为1∶0.618的比例是最能展现和谐与优美的方式。这一比例不仅符合人的视觉习惯，更能给予观者适度的视觉刺激。因此，黄金分割在建筑、设计、绘画和影像等领域中得到了广泛应用，成为艺术创作的重要准则。

有关人体与建筑比例的研究，起源可追寻至古罗马时期的维特鲁威。他认为，神殿建筑应借鉴完美人体比例的构造方式，达到和谐协调。帕提农神庙堪称希腊比例体系的典范，其正面呈现出多重黄金分割矩形的特征。在构建楣梁、中楣和山形墙的高度时，二次黄金分割矩形被广泛应用。最大的黄金分割矩形中的正方形确定了山形墙的高度，而最小的黄金分割矩形则决定了中楣和楣梁的位置（图1-4-1）。

经过多个世纪的探索和实践，哥特式大教堂的设计和建造采用了黄金分割原理作为理想比例准则。柯布西耶在《走向新建筑》中对巴黎圣母院正面的方形和圆形元素进行了深入分析。大教堂周围的矩形结构尺寸遵循黄金分割比例，其中的方形部分界定了大教堂正面主体区域，两侧的塔楼采用二维黄金分割矩形界定。这些线条通过两条对角线划分，交会于通风窗上方，并穿越正面

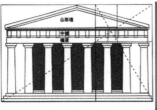

图 1-4-1 雅典（Athens）的帕提农神庙（Parthenon）

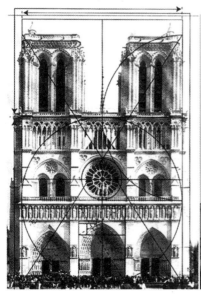
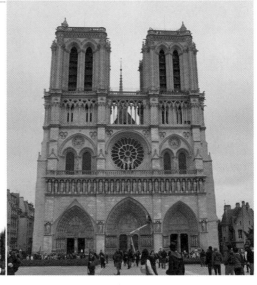

图 1-4-2 巴黎圣母院

矮墙拐角。中间的正门也符合黄金分割比例，通风窗直径等于正方形内切圆直径的四分之一（图 1-4-2）。

2. 黄金分割率实际运用（黄金分割点、三分法则、斐波纳契螺旋）

黄金分割比例，被认为是"和谐"的构图形式，许多设计作品、艺术作品乃至摄影与电影镜头构图语言都参考"黄金分割"的美学构建规律（图 1-4-3）。

图 1-4-3 黄金分割点

把一条线段分割为两部分，较大部分与全长的比值等于较小部分与较大的比值，则这个比值即为黄金分割比例，经常运用在界面分割和排版构图划分（图 1-4-4）。

· 44　居住空间设计

图1-4-4 黄金分割点综合运用划分室内背景墙材质界面营造和谐美感

三分法则是由黄金分割比例简化而来,将整个画面在横、竖方向上各用两条直线进行三等分。将创作的主体放置在任意一条直线或直线的交点上比较符合人类的视觉习惯,可以让画面立刻变得生动起来(图1-4-5、图1-4-6)。

图1-4-5 三分法则

图1-4-6 荷兰画家亨德里克·马腾松·索尔格作品《菜场》运用三分法则构图

斐波那契螺旋，也称"黄金螺旋"，是根据斐波那契数列画出来的螺旋曲线。自然界中存在许多斐波那契螺旋线的图案，是自然界最完美的经典黄金比例（图1-4-7～图1-4-11）。

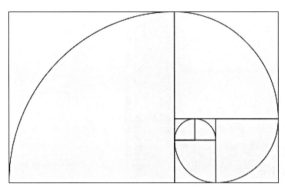

图1-4-7 斐波那契螺旋构图（上左）
图1-4-8 摄影取景利用斐波那契螺旋构建主题和空间关系（上右）
图1-4-9 背景墙用斐波那契螺旋分配界面与配饰位置（中左）
图1-4-10 运用斐波那契螺旋处理墙体界面（中右）
图1-4-11 运用斐波那契螺旋布置空间陈设

（二）对称与均衡

人的视觉对"对称与均衡"有着敏锐的感知力，在美术理论中，对称与均衡被列为重要的形式美法则。无论在绘画、书法、建筑、园林景观，还是在工艺品的创作设计中，都十分普遍地运用对称与均衡构图形式（图1-4-12）。

图1-4-12 达·芬奇《最后的晚餐》就是采用的对称与均衡构图形式

在居住空间设计中，运用该原则能够降低过多视觉冲突，使空间达到自然和谐的状态，呈现出稳定、庄重、雅致的审美效果。非对称均衡则能够创造出富有变化、灵活、生动和活泼的视觉感受。然而，鉴于现代室内功能的日益复杂化，完全对称与均衡的实现颇具难度。因此，基本对称与适度均衡成为主流设计风格，需综合考虑前后左右各要素，以达到对称与均衡的设计效果。

1. 对称

在居住空间设计中，对称形式是在空间建立一条假想的直线，这条直线两侧的空间元素在形态、色彩和材质上达到相同或相似的效果。这种对称的布局方式，能营造出一种稳定、平衡和协调的视觉效果，赋予空间一种自然、大气、典雅和庄重的气质（图1-4-13）。

2. 均衡

均衡是指在视觉心理上给人一种等量和不等形的力的平衡状态。空间设计上的均衡并非实际重量、形状的均等关系，而是根据图像的形状、大小、轻重、色彩质感，以及物体位置的分布来实现视觉心理上的平衡。均衡相对于对

图1-4-13 对称形式美法常用于表现古典式居住空间

模块一 居住空间设计基础篇 47

图 1-4-14 色彩、家具、陈设品之间的均衡效果

图 1-4-15 红色让空间视觉均衡,增添空间的活泼氛围

称在视觉上显得更加灵活、新鲜,并富有变化的统一美感,给人以舒适、平衡、可靠、和谐、优美的韵味(图 1-4-14、图 1-4-15)。

(三)节奏与韵律

节奏与韵律是指同一部件有秩序的重复与变化。在建筑设计中,建筑的高低错落、疏密变化,都有着节奏韵律(图 1-4-16、图 1-4-17)。在居住空间设计中,节奏与韵律的运用十分普遍,不同的节奏韵律给人们不同的生理及心理感受。

图1-4-16 节奏与韵律

图1-4-17 有韵律的样式构成具有积极、活力的韵味,有强化图形视觉魅力

节奏是单调的重复,韵律是富于变化的节奏,是节奏中注入个性化的变异形成的丰富而有趣味的反复与交替,它能增强版面的感染力,开阔艺术的表现力。

营造有韵律空间的手法包括要素的连续重复,要素秩序的变化,不同的要素规律性的组织协调等(图1-4-18)。

要素的排列组合,要素之间的距离是相等的或者同等形态组合堆叠交错,特定形态的重复形成的节奏韵律(图1-4-19)。

重复的要素可以根据空间所表达的情感去进行设计,它可以是穹隆形、圆形、"口"字形等,可以是一切能够体现空间情感的元素图形(图1-4-20)。

要素重复的位置可以是地面、立面、顶面。要素的连续重复使组织的空间产生的韵律节奏丰富了空间的形式,增强节奏与韵律的形式法则可以使空间成为统一整体,又能产生丰富的空间效果变化(图1-4-21)。

图 1-4-18 灯具和珠帘有序重复,营造韵律感强的空间效果

图 1-4-19 家具、墙面元素等距排列,同元素营造节奏感强的空间效果

图 1-4-20 墙面圆形造型运用,丰富了空间的节奏感

图 1-4-21 节奏与韵律体现于空间的家具和摆件

（四）对比与调和

对比就是把质或量反差较大的元素合理地设列在一起，使画面既鲜明、突出，又不失统一感，使主题更加鲜明、活跃；调和则是指借助各元素的相似点，平衡个性，力求画面和谐，使观者有整体感（图1-4-22）。

在设计中，要实现对比与调和法则的巧妙结合，需要根据住宅空间的使用功能、物品尺寸、形状、色彩等方面的差异，合理运用它们之间的体积、形状、色彩对比，以突出个性和变化。同时，也需要关注物品之间的共同点，确保整个空间保持和谐与平衡。创造一个既具有动态变化又充满和谐的居住环境，以满足人们的生活需求和审美要求。

对比与调和法则的运用主要体现在地面、顶面、家具、陈设品、隔断几个方面。一个完整的居住空间是由多个空间组合的，如门厅、客厅、过廊、餐厅、卧室、书房、卫生间等，室内空间设计要组织协调好各个空间的关系，有

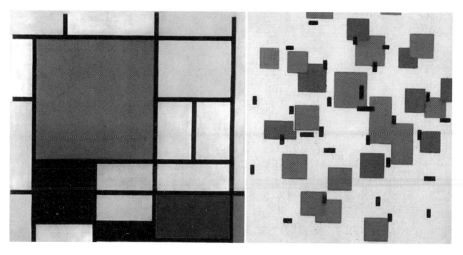

图 1-4-22 彼埃·蒙德里安的方格作品是对比与调和运用的典型代表作

注：彼埃·蒙德里安（1872—1944），荷兰画家，风格派运动幕后艺术家和非具象绘画的创始者之一，其作品以几何图形为绘画的基本元素，创作了系列的方格代表作，对后代的建筑、设计等产生巨大影响。

目的、有意识地突出重点空间，淡化次要空间，把主要空间用组织与对比的手法形成趣味中心，吸引人的注意，创造独特的空间环境。室内空间设计的对比形式：大小与高低的对比、色彩对比、方向对比、疏密对比、轻重对比、质感对比、曲直对比、虚实对比等（图1-4-23～图1-4-25）。

图1-4-23 界面的对比与调和

注：设计师采用对比与调和法则处理空间界面，大面积的板材和局部墙面的留白，营造出独特、禅意的空间效果。

图1-4-24 色彩的对比与调和

注：设计师采用黑白对比色搭配整片空间色彩，使居住空间既活泼，彰显个性，又不失稳重大方。

图 1-4-25 电视墙设计的对比与调和

注：电视墙是客厅的趣味中心，是客厅设计重中之重。设计师通过形状、色彩、大小、高低等对比形式，以及强调空间造型、色彩的相互呼应，精心设计了既活泼又稳重的空间效果。

❖ 本项目小结

本项目讲述了形式美法则的概念，列举了形式美法则的特点，并介绍了形式美法则在建筑、居住空间的实际应用，提升学生对造型艺术的审美意识，使之能在后续课程中将形式美法则运用到实际案例中，加强作品中情感的表达与美学的体现。

❖ 推荐阅读资料

1. 勒·柯布西耶. 走向新建筑 [M]. 杨至德, 译. 南京：江苏凤凰科学技术出版社, 2014.

2. 瓦西斯·康定斯基. 点线面 [M]. 余敏玲, 译. 重庆：重庆大学出版社, 2017.

❖ 学习思考

1. 名称解释

形式美　黄金分割率　节奏与韵律

2. 填空题

(1) 形式美包括黄金分割率、对称与均衡、_____、对比与调和等。

(2)《艺术与视知觉》中把美归结为某种_____，认为组织良好的视觉形式可以使人产生愉悦感，一个艺术作品的实体就是它的视觉表现形式。

(3)_____是由黄金分割比例简化而来，将整个画面在横、竖方向上各用两条直线进行三等分。

3. 简答题

(1) 简述巴黎圣母院中形式美法则的运用。

(2) 举例说明黄金分割率、对称与均衡、节奏与韵律、对比与调和在居住空间设计的实际运用。

居住空间设计

2 模块二 居住空间设计实践篇

项目一 小户型空间设计

❖ **教学目标**

通过本项目开篇超小面积旧房改造设计经典案例赏析,了解小户型的定义、不同空间面积的类型划分,以及有限空间最大化利用的设计方法,并通过实践案例训练,学会项目现场勘察和项目设计程序等关键技能,掌握空间常规尺寸和人体工程学,具有初步的空间设计能力,为下一步专业学习奠定基础。

❖ **教学要求**

知识要点	能力与素养要求	权重	自测分数
小户型的定义、常见户型结构及特点	熟悉小户型空间类型及特点,理解小户型社会价值与意义,增强社会责任感	10%	
小户型空间利用特点、设计原则	了解小户型空间功能分区特点,掌握有限空间多功能使用的设计技巧,具有以"客户需求为中心"的服务意识和设计素养	20%	
居住空间设计程序,方案设计规范	熟悉企业的项目设计程序和设计规范,能按范式完成项目设计,具有一定空间设计思维	20%	
项目勘察、户型数据生成,业主核心需求分析	熟悉空间色彩特性,掌握大户型空间色彩搭配技巧,能根据室内特定风格搭配好空间色彩关系,具有较高空间色彩审美意识	30%	
室内常规尺寸、家具常规尺寸以及户型布局改造要求	熟悉居住空间基本尺寸,能按规范合理规划各功能区布局,设定好家具尺寸,掌握空间布局改造基本方法,具有一定规范意识和职业素养	20%	

❖ **经典案例赏析**

瑞典哥德堡市一处旧房改造设计,完全颠覆了人们想象空间,堪称异想天开的设计,是小户型空间设计经典案例。

该方案是改造面积仅有 $17m^2$,高度 3.6m 的户型。由于面积太小,设计师对空间体积分寸必争,创造了一间动线流畅可循环、多角度空间。室内空间包括了两个楼梯、一间卧室、一间浴室、一间设备齐全的厨房、一间办公室、一间衣橱以及起居室、客卧和餐厅(图 2-1-1 ~ 图 2-1-13)。

图 2-1-1 设计师奉承"让环境照顾人,而非其他方式"设计理念

图 2-1-2 街景入口（左）

图 2-1-3 玄关走廊，左侧是浴室门，右侧是卧室门，走廊墙是储物格（右）

图 2-1-4 联系餐厅和玄关的楼梯（左）

图 2-1-5 玄关前的走廊（右）

图 2-1-6 具备储物功能的阶梯

图 2-1-7 利用盘旋而上的阶梯创造出厨房、餐厅、客卧的空间

图 2-1-8 精心设计每个空间细部,形成考究有效的储藏空间

图 2-1-9 从客厅看厨房和用餐区

图 2-1-10 藏在木结构下的卧室

图 2-1-11 充满艺术气息的家居空间

图 2-1-12 舒适的小浴室

图 2-1-13 走廊尽端的阶梯状空间，可摆放日常用品或艺术品

一、小户型空间设计基本知识

（一）小户型的概念

所谓的小户型是个泛指的概念，目前没有严格规范的说法，可理解为具有相对完善的配套及功能齐全的"小面积住宅"。

但究竟多小面积的住宅才叫做小户型呢？

2006年5月24日发布的《国务院办公厅转发建设部等部门关于调整住房供应结构稳定住房价格意见的通知》（国办发〔2006〕37号）规定："套型建筑面积 90m² 以下住房（含经济适用住房）面积所占比重，必须达到开发建设总面积的 70%以上。"据此，小户型的概念基本明晰，通常认为小户型是面积在 90m² 以下的住宅。

> 注：2006年5月24日，《国务院办公厅转发建设部等部门关于调整住房供应结构稳定住房价格的意见》出台，其中第一条"切实调整住房供应结构"中规定："自2006年6月1日起，凡新审批、新开工的商品住房建设，套型建筑面积90m^2以下住房（含经济适用住房）面积所占比重，必须达到开发建设总面积的70%以上。直辖市、计划单列市、省会城市因特殊情况需要调整上述比例的，必须报建设部批准。过去已审批但未取得施工许可证的项目凡不符合上述要求的，应根据要求进行套型调整"。
>
> 此政策对小户型影响巨大，直接驱使开发商加大力度往小户型产品研究、创新上发展，业内称为"70/90"政策。

（二）小户型的类型

小户型按户型样式分为一居室、两居室和三居室；按使用功能分为居家型、商住型和商务型（表2-1-1）。

小户型分类　　　　　　　　　　　　　　　　　表2-1-1

按户型样式分类		按使用功能分类	
类别	主要特征	类别	主要特征
一居室	面积：20～45m^2，功能区划分模糊，卧室和客厅无明显划分，整体浴室，敞开式厨房。消费群体：单身年轻人	居家型	普通住宅型公寓。其核心：面积小但功能齐全，满足生活基本要求，除具有就餐、洗浴、就寝和休闲等功能外，还可增加读书、会客等功能
两居室	面积：45～80m^2，是小户型的主要户型样式。其居室的面积较大，可按功能需求划分区域。消费群体：外来人口、年轻人群、年轻家庭	商住型	商住两用，是商住型公寓。其除了与居家型的住宅一样能够满足生活基本功能需求。同时，还可作商业办公场所
三居室	面积：80～90m^2，是小户型的豪华样式，最受市场欢迎，可做成三房一厅，功能空间划分相对充裕	商务型	商务型公寓。主要针对商务人群，相对于标准公寓，属于高档社区，设施配套精致，装修高档，服务水准一流，其物业模式为酒店式服务公寓

二、小户型空间设计原则

正所谓"麻雀虽小，五脏俱全"，在小户型空间设计中，尽管面积有限，但各项使用功能却不可缺少，力求将空间利用达到最大化。其核心在于尽可能完善空间功能，提升使用效率、性价比以及居住舒适度。以下是小户型住宅设计所遵循的基本原则：

1. 巧拓空间，让使用范围最大化

1）以小见大，隔而不断。狭小的空间既要体现功能划分，又不拥挤，就尽量减少制作无关紧要的界面造型，如吊顶、墙面造型等，减少因设计不当造成视觉拥挤感；有条件地拆除一些非承重墙，采用隔屏、滑轨拉门或采用可移动家具来取代原有的密闭隔断墙，把墙变"活"，使整体空间有通透感（图2-1-14）。

2）向上拓展。如果屋内层高够高，可做成夹层楼板或开放空间；也可用屋顶多余的高度隔出天花板夹层，作储藏空间之用（图2-1-15、图2-1-16）。

3）边角活用。活用不起眼的边角，通过巧妙设计，发挥空间利用的功效。例如，将楼梯踏板做成可活动板，利用台阶做成抽屉、储藏柜；把楼梯过道的扶墙一侧局部做成展柜，楼梯下方设计成书架或抽屉（图2-1-17）。

图2-1-14 客厅与卧室采用帘布隔断

图2-1-15 创造卧室储藏空间（左）
图2-1-16 利用夹层做的吊柜（右）

图2-1-17 充分利用边角空间

4）往下争取。将抽屉床、可拉式桌板、可拉式餐台、双层柜、抽屉柜等家具做成集成制，增加房间的使用面积（图2-1-18）。

图2-1-18 巧用家具自身空间，拓展使用空间

2．模糊功能分区，增加空间的融合性、开放性

由于空间面积较小，将功能区合并或者连接，不作明确限制。可采用开放式厨房或客厅、餐厅并用等方法，在不影响使用功能的基础上，利用相互渗透的空间增加室内的层次感和装饰效果，更大化地满足日常起居的需求（图2-1-19）。

图2-1-19 多功能聚会厅

图 2-1-20 将阳台、飘窗改为工作学习区

除了其模糊功能性,也可丰富其他区域的功能性,如卧室的飘窗可改为小型阳光书房;将主要作为晾晒、存储用途的阳台改造为工作、学习、书写、阅读的场所(图 2-1-20)。

3. 以人为主,收纳为辅

面积较小的房间装修时,应该以人为主,以家具、收纳为辅。因为空间小,没有多余的地方摆放一些不必要的生活用品和装饰品。人们因为需要收纳的物品,才会产生收纳空间或家具,并非因为收纳才添置家具。因此在装修时,应以简洁、功能性为主,不必太过雕琢。

三、案例实践

某小户型住宅设计方案

学生:邓尚宁　项目来源:校企合作项目

(一)项目背景

1)住宅概况:南宁市凤岭某小区,项目所在楼栋的建筑布局采用塔式布局,南北朝向,自然通风采光尚可。

2)业主概况:一家三口,夫妻均 33 岁,小孩 5 岁。

3)建筑面积:68m^2。

4)设计意向:现代简约风格。

(二)设计准备

现场勘察

房屋现场勘察在房屋装修设计中具有至关重要的地位,作为项目启动的

二维码 2-1-1　本实践项目全景图

关键环节，它涉及设计师对拟装修住宅的现场勘察及综合考量。此过程有助于全面了解房屋基本状况，为后续设计提供重要依据。在进行现场勘察时，应注意以下环境方面的事项：

（1）观察住宅环境

主要了解住宅的位置和朝向，分析建筑周围环境状况，例如私密性、采光、噪声、空气质量等情况。这些环境因素都会直接影响后期的设计。如果遇到房子格局或外部环境不够理想的情况，需要通过装修设计来弥补。

（2）与业主沟通

测量房屋（量房）时，设计师要和业主进行初步沟通，了解业主对房屋的功能需求和设计意向，并根据房屋结构，与业主交流初步的设计思路。

1）掌握业主相关资料：家庭人数、年龄、房间使用要求、个人爱好，以及生活习惯等。

2）家电、家具初步摆放位置：电视机、空调、音响、厨具、衣柜、床、餐桌、沙发等。

3）业主的设计意向：空间造型、格调、色调等。

4）业主是否有需要特别处理的地方。

（3）测量房屋

1）定量测量：主要测量各个房间墙地面长宽高，墙体、柱子及梁的厚度，门窗高宽度及墙距，暖气等设备高宽度及墙距。

2）定位测量：主要标明门、窗、空调孔，给水排水管的位置、孔距，马桶坑位、孔距、离墙距离，烟管的位置，煤气管道位置、管下距离，地漏位置等准确的测量数据。

3）高度测量：正常情况下，房屋的高度应当是固定的。但由于各个房屋的建筑构造不同，也可能会有一定的落差，在高度测量中，要仔细察看房间的每个区域的高度是否有落差。

4）承重结构测定：提供原始平面图，现场确认房子的承重结构，测量承重柱体、承重梁的尺寸。装修过程中，绝对不能破坏房屋的承重结构。非承重墙体可根据实际需求进行有条件的拆除或移位。

（4）测量房屋具体方法

1）测量工具：激光测量仪器或卷尺（长度5m以上）、笔、相机、绘图板（图2-1-21）。

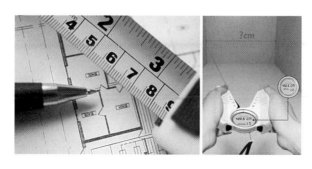

图2-1-21 测量工具

2）量房的正确顺序：为了避免漏测，量房的顺序通常从入户门某一侧墙开始转圈依次测量，直到返回入户门的另一侧，把屋内所有房间都测量完毕。如果是多层的房屋，必须是完成一层的测量后，再进行另一层测量工作，这样才不会漏测。

3）长高度测量方法：用卷尺量房间的长度时，卷尺要紧贴地面测量；测量层高时，要紧贴墙角测量（标准住宅层高一般在2.75～2.80m）；测算梁和承重柱的位置，精确测量好门窗、墙体等尺寸（图2-1-22）。

图2-1-22 测量房间各结构尺寸

4）拍照存档，供设计参考：量房时，要对关键的空间节点进行拍照留底，作为设计参考，这样对整个空间构造把握才更加准确。

（三）户型规划设计

1. 平面图绘制

现场测量结束后，需要绘制三类平面图：原建筑结构图、平面改造图、平面布置图。

1）原建筑结构图：是按照测量数据绘制出能够准确反映房子原始建筑结构的平面图，包括门窗位置、管位、墙体、承重墙等原始数据（图2-1-23）。

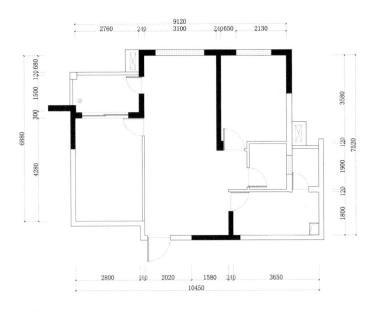

图2-1-23 原建筑结构图

2）平面改造图：设计师根据业主的功能需求，以及对原有户型结构利弊进行分析后，在不破坏建筑结构安全的前提下，对户型结构合理调整而形成的新平面图（图2-1-24）。由于原户型不合理，本方案对户型进行微调，封闭阳台门；将主卧门移至靠入户门处（留够主卧衣柜厚度）；入户门左侧墙预留嵌入式鞋柜位置。

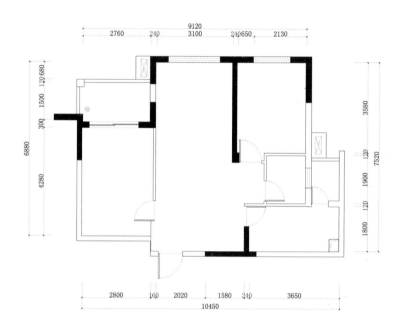

图 2-1-24 平面改造图

3）平面布置图：是设计最为重要的环节，是所有设计的集中体现。它主要是根据业主的生活需求、对空间的特殊要求，合理划分功能区域、分配面积、风格定位等（图2-1-25）。

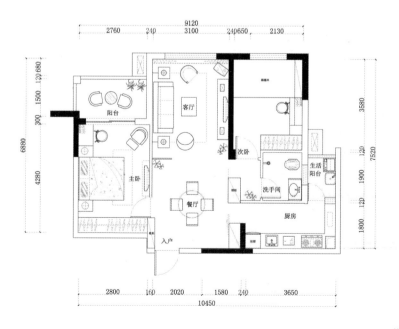

图 2-1-25 平面布置图

模块二 居住空间设计实践篇　67

在空间布局设计过程中，应充分参照室内常规尺寸和家具常规尺寸（表 2-1-2 ~ 表 2-1-10），并以符合人体工程学的家具尺寸作为核心参考依据。

室内常规尺寸　　　　　　　　　　　　　　　　　　　　　表 2-1-2

名称	基本尺寸
自承重墙体	厚度≥0.24m
室内隔断墙体	厚度 0.08 ~ 0.12m
入户门	门洞高 2.00m，宽 1.00m
卧室门	门洞高 2.00m，宽 0.90m
厨房门	门洞高 2.00m，宽 0.80m
卫生间门	门洞高 2.00m，宽 0.70m
室内窗	高 1.0m 左右，窗台距地面高度 0.90 ~ 1.00m
室外窗	高 1.50m，窗台距地面高度 1.00m
过道	玄关通道净宽不宜小于 1.20m；通往卧室、起居室（厅）的过道净宽不应小于 1.00m；通往厨房、卫生间、贮藏室的过道净宽不应小于 0.90m
阳台	出挑 1.50 ~ 2.00m。栏杆净高，六层及六层以下不低于 1.05m；七层及七层以上 1.10m
踏步	高 0.15 ~ 0.16m，长 0.99 ~ 1.15m，宽 0.25m；扶手宽 0.1m，扶手间距 0.2m，中间的休息平台宽 1.00m

通用椅子主要尺寸（mm）　　　　　　　　　　　　　　　表 2-1-3

椅子种类	座深	背长	座前宽	扶手内宽	扶手高	座高	
						硬面：400 ~ 440	软面：400 ~ 460
靠背椅	340 ~ 460	≥350	≥400	—	—		
扶手椅	400 ~ 480	≥350	—	≥480	200 ~ 250		
折叠椅	340 ~ 440	≥350	340 ~ 420				

注：根据《家具 桌、椅、凳类主要尺寸》GB/T 3326—2016 确定。

沙发主要尺寸（mm）　　　　　　　　　　　　　　　　　表 2-1-4

沙发类	座前宽	座深	座前高	扶手高	背高
单人沙发	≥480	480 ~ 600	370 ~ 480	≤250	≥600
双人沙发	≥960				
三人沙发	≥1440				

注：根据《软体家具 沙发》QB/T 1952.1—2023 确定。

餐桌主要尺寸（mm）　　　　　　　　　　　　　　　　　表 2-1-5

桌子种类	边长或直径	深度	桌面高度	桌下净高度
长方餐桌	900 ~ 1800	600 ~ 1200	680 ~ 760	≥580
方桌	600、700、750、800、850、900、1000、1200、1350、1500、1800	—		
圆桌	≥700	—		

注：根据《餐桌餐椅》GB/T 24821—2009 确定。

单层床主要尺寸（mm） 表 2-1-6

单层床	床面宽	床面长		床面高	
		嵌垫式	非嵌垫式	放置床垫	不放置床垫
单人床	700～1200	1900～2220	1900～2200	240～280	≤450
双人床	1350～2000				

注：1. 嵌垫式床面宽度应增加 5～20mm；
　　2. 根据《家具 床类主要尺寸》GB/T 3328—2016 确定。

双层床主要尺寸（mm） 表 2-1-7

床面长	床面宽	底床面高		层间净高		安全栏板缺口长度	安全栏板高度	
		放置床垫（褥）	不放置床垫（褥）	放置床垫	不放置床垫		放置床垫（褥）	不放置床垫（褥）
1900～2020	800～1520	240～280	≤450	≥1150	≥980	≤600	床褥上表面到安全栏板的顶边距离应不少于200	安全栏板的顶边与床铺面的上表面应不少于300

注：根据《家具 床类主要尺寸》GB/T 3328—2016 确定。

衣柜主要尺寸（mm） 表 2-1-8

柜内空间深		挂衣棍上沿至顶板内面距离	挂衣棍上沿至底板内面距离		衣镜上沿离地面高	顶层抽屉屉面上沿离地面高	底层抽屉屉面下沿离地面高	抽屉深度	离地净高	
挂衣空间深	折叠衣物空间深		挂长外衣	挂短外衣					亮脚	包脚
≥530	≥450	≥40	≥1400	≥900	≥1700	≤1250	≥50	≥400	≥100	≥50

注：根据《家具 柜类主要尺寸》GB/T 3327—2016 确定。

床头柜与矮柜主要尺寸（mm） 表 2-1-9

柜类	柜体外形宽	柜体外形深	柜体外形高	离地净高	
				亮脚	包脚
床头柜	400～600	300～450	450～760	≥100	≥50
矮柜			400～900		

注：根据《家具 柜类主要尺寸》GB/T 3327—2016 确定。

书柜与文件柜主要尺寸（mm） 表 2-1-10

柜类	柜体外形宽		柜体外形深		柜体外形高		层间净高	离地净高	
	尺寸	级差	尺寸	级差	尺寸	级差		亮脚	包脚
书柜	600～900	50	300～400	20	1200～2200	20、50	≥250	≥310	≥100
文件柜	450～1050	50	400～450	10	(1) 370～400 (2) 700～1200 (3) 1800～2200	—	≥330	≥100	≥50

注：根据《家具 柜类主要尺寸》GB/T 3327—2016 确定。

(四)设计策略

1. 界面设计

本案例的空间小,客餐厅设计不宜繁杂,应以简洁手法和温馨色系搭配来塑造空间视觉形象(图 2-1-26 ~ 图 2-1-28)。

图 2-1-26 客厅设计效果

图 2-1-27 客餐厅设计效果(一)

图 2-1-28 客餐厅设计效果(二)

空间界面设计，使用格栅、木饰面板、金属边条等材料，以黄金分割比例的形式美法则对沙发背景墙、电视墙的界面进行分割，突破平面的单调，产生了起伏有序的韵律和节奏，营造活泼的秩序美。

色彩搭配采用暖色系，选用白色、浅卡其色、褐黄色和甜橙色，搭配有调和作用的浅绿色，并加入原木元素，营造着优雅、精致、温馨，又轻松活泼的空间氛围。

主卧设计中，沿用客厅的设计手法，减少了装饰与色彩元素，墙面以浅卡其色肤感面板为底，嵌入木色层板、格栅和玻璃柜门、深色柜体，营造着简练而雅致的空间质感。同时，在隐形灯光映衬下，整个空间焕发着灵动气息（图2-1-29）。

儿童房设计中，因空间面积所限，采取榻榻米、衣柜、书桌集一体的做法，加强储物功能。色彩以乳白色、浅绿色为基调，弱化空间局促感（图2-1-30）。

图2-1-29 主卧设计效果

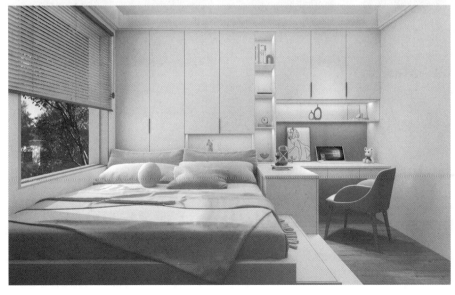

图2-1-30 儿童房设计效果

2. 陈设搭配

由于房间面积比较小，应尽可能避免选择造型复杂、体积大和占用空间过多的家具和摆件，否则会使空间显得拥挤、笨拙和突兀。可以选择造型简约、轻巧的家具和装饰品来营造通透、时尚的空间。比如：家具用造型简洁且精致的布艺沙发、圆形茶几、方形餐桌、皮质椅子和床等，吊顶和落地灯的造型应简约、线条流畅，窗帘可以采用双色搭配、垂感良好的材料，装饰画则应该选择抽象风格和颜色对比强烈的作品（图2-1-31）。

3. 光影营造

在整体照明的基础上，通过局部照明形成不同的照度，达到不同区域的光照效果，让各个区域出现不同的光气氛，使各个区域有鲜明的光影效果。同样，采用射灯照射陈设品，让室内空间的某个面或者形体更加突出，体现空间主题（图2-1-32）。

图2-1-31 采用造型简约、轻巧的家具及陈设品，减少空间拥挤仓促感

图 2-1-32 对陈设品、家具等物品采用重点照明的方法，增添空间艺术气息

❖ 本项目小结

本项目详细地介绍了小户型的定义及特性、设计基本原则、室内常规尺寸以及常规家具尺寸等知识点。通过经典案例以及学生参与的企业设计项目，深入探讨了项目勘察、数据生成以及项目设计等技能，旨在让学生在实践中熟练掌握空间设计的基本规范与方法。

❖ 推荐阅读资料

1. 逯薇．小家，越住越大 3[M]．北京：中信出版社，2019．

2. 张绮曼，郑曙旸．室内设计资料集 [M]．北京：中国建筑工业出版社，1991．

3. 李戈，赵芳节．图解空间尺度 [M]．南京：江苏凤凰科学技术出版社，2022．

❖ 学习思考

1．填空题

（1）小户型通常是指面积在_____ m^2 以下住宅。

(2) 小户型按户型类型分为_____、_____、_____；按使用功能分为_____、_____。

(3) 巧拓空间、让使用范围最大化的方法有_____、_____、_____、_____。

(4) 往下争取设计手法主要是将_____、_____、_____、_____、_____等家具做成集成制。

2．简答题

(1) 简述房屋现场勘察应注意事项。

(2) 简述室内设计中，测量房屋应采集的关键的户型数据、量房顺序。

(3) 研读本项目"经典案例赏析""案例实践"的内容，分析小户型空间设计应遵循的设计原则。

项目二　中户型空间设计

❖ 教学目标

通过本项目的学习，使学生理解中户型空间的基本特征、空间界面要素及特点，掌握空间界面形式构成、居住动线设计等专业技能，并通过项目实践，学习新中式风格的设计方法，具有中户型空间尺度把控及特定风格的设计能力，能够承担中户型的空间设计任务。

❖ 教学要求

知识要点	能力与素养要求	权重	自测分数
中户型的定义及特点	熟悉中户型空间的特点，能根据住宅面积归纳出业主的特点，具有市场信息分析能力	10%	
空间界面的类型及特点，界面设计要素及构成样式	了解空间界面类型及特点，能根据界面特点及实际，分析出空间界面设计应遵循的基本原则，具有较强的学习分析能力	20%	
居住空间动线类型及设计原则	理解居住空间动线设计原则，能根据空间实际规划出合理的居住动线，具有较强的空间规划设计能力和"以人为本"的设计素养	30%	
新中式风格设计语言	了解新中式风格设计表现形式，掌握该风格的界面设计、色彩搭配、陈设品选取等技巧，具有特定风格的设计表达能力，具有较高的空间美学素养	40%	

❖ 经典案例赏析

本案例是重庆某地产的样板间，建筑面积99m²，属于"3+1"的户型。"3+1"户型通常是指在三间房的基础上再加一间房，也就是购买三间房但得到四间房的居住空间，"+1"大多是开发商赠送的小房间，例如储物间、书房等。本案例"3+1"的户型可扩展成四房两厅二卫,是由中国新锐室内设计师执掌设计的。本案例的设计是基于对东方文化的复兴回归和对新中式人居的深刻解读,摒弃常规东方元素杂糅的设计手法,深度挖掘标签与符号逻辑背后的内涵与神韵,以重庆地域特色文化为载体,运用现代设计手法加以传承创新,诠释当代东方气质美学。

整体户型布局规整,动静分区清晰,确保各个功能区域均享有适宜的尺度,宽敞的开间设计,优异的采光与通风效果。客厅、开放式书房、阳台、餐厅融为一体,构建出一个采光通风俱佳的全开放式公共空间。自然质感为整个空间奠定基调,格栅隔断、沙发、茶几等家具均呈现出古朴端庄的特色;陈设朴素清雅,心境宁静如华,在传承中融入时尚元素,展现出独特的东方诗意生活(图2-2-1、图2-2-2)。

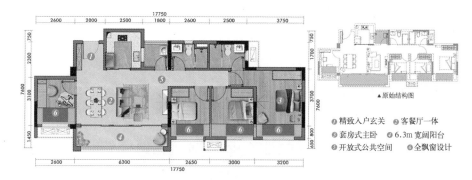

图2-2-1 户型方正,分区合理

图2-2-2 开放式公共空间

餐厅、厨房与客厅分而不割,互相渗透,使空间关系更紧密,增加了客餐厨等空间的互动性,让生活场景丰富多彩,带给居住者一种舒适优雅的用餐环境与社交体验(图2-2-3)。

主卧延续整体室内空间的设计基调、清雅韵味。卧室撷取清雅碧玉糅合点缀,温度与质感并存,陈设置景,简凝诗意,以含蓄的现代方式诠释东方意境(图2-2-4、图2-2-5)。

图 2-2-3 餐厅与厨房的互动

图 2-2-4 主卧绿影暮色、诗意栖居

图 2-2-5 书房、主卫的陈设置景无不诗意

次卧宁静素雅，布置极具东方色彩元素的陈设，阳光透过纱窗照射进来，增添层次感，营造出一隅安宁的休憩场所（图 2-2-6、图 2-2-7）。

儿童房的设计采用中国传统二十四节气的插画来营造卧室的温馨活泼氛围。窗外窗内皆是景，月下花影，一墙氤氲淡然的花树剪影，为孩子编织一帘幽梦（图 2-2-8、图 2-2-9）。

图 2-2-6　次卧淡系湖光，浊尘不染

图 2-2-7　次卧软装恬静淡雅

图 2-2-8 儿童房清新别致

图 2-2-9 儿童房软装搭配

一、中户型空间设计基本知识

(一)中户型的概念

关于中户型的面积划分,目前尚无明确统一的界定。参照《国务院办公厅转发建设部等部门关于调整住房供应结构稳定住房价格的意见》《中华人民共和国契税法》,以及我国各省份制定的房屋契税征收标准,本书将建筑面积在 90～144m^2 范围内的住宅划分为中户型。这类住宅的常见套型包括两室一厅至四室两厅,多数设有双卫生间,户型面积适中,实用性强。

（二）中户型的特点

在中户型空间设计中，一是要注重功能布局的明确性，二是将实用性作为关键考量因素，三是需充分展现居住者的审美品位。布局设计应以实用为基础，根据家庭成员构成及生活习惯，划分休息区、起居区、就餐区、收纳区等功能区域。为实现室内空间视野的拓宽，提高空间使用率，各功能区域应保持相互联系，同时又具有一定的独立性。

针对中户型住宅的客户群体，不同空间的设计应具有一定的差异性。共享空间如起居室、餐厅及厨房等，需综合家庭成员的意见进行设计。而私密空间如卧室，则可根据家庭成员各自的喜好进行设计。在造型设计方面，应力求繁简适中、功能完备，始终以实用为出发点，充分考虑储藏、清洁、烹饪等生活设施的配置，打造出舒适、功能齐全的居住空间。

二、中户型空间设计要素

（一）空间界面设计

1. 居住空间界面的概念

居住空间界面是指住宅空间的各个实体围合面，包括底面（如地面、楼面）、侧面（如墙面、隔断面）以及顶面（如平顶、吊顶等）。人们在使用和感受室内空间时，通常能够直接目睹甚至触及居住空间的界面实体（图 2-2-10）。

居住空间界面设计涉及：界面造型、色彩搭配、材质选择、构造处理等诸多方面。在设计过程中，应依据已确定的平面布局、空间组织，并结合各居住空间界面结构特点及功能需求，对实体界面的造型、色彩、灯光、材质等方面进行全面综合设计。既要满足审美与造型要求，同时也要实现居住空间的使用功能，旨在营造美观、舒适、安全、实用的居家环境（图 2-2-11）。

在居住空间设计过程中，对地面、墙面、顶面等各居住空间界面的处理，需兼顾其家居使用功能特性，同时确保其符合我国相关法律法规。以下为设计要求：

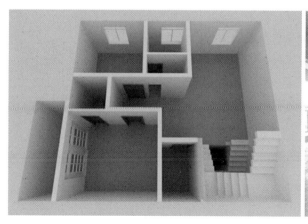

图 2-2-10 居住空间各个界面

图 2-2-11 空间界面设计效果

1）确保安全性、耐久性、施工安装简便，维护更新便利。

2）具备优良的耐燃及防火性能，符合《建筑内部装修设计防火规范》GB 50222—2017。

3）原材料无毒、无害，符合"室内装饰装修材料有害物质限量"等 10 项国家强制性标准。

4）具备隔热保暖、隔声吸声性能。

5）满足装饰美观需求。

6）符合环保、经济原则。

（1）底面（地面、楼面）

底面，作为住宅的承重基面，是人们在日常生活中接触最多、视距最近的界面，也是室内装饰的关键要素之一。底面处理可根据居住空间的功能特征进行划分，例如，在门厅、走道以及常用空间，可选用具有导向性和规律性的图案进行划分。在选用材料时，需注重耐磨、防滑、吸声等性能，可选用瓷砖、木地板、地砖、地毯等装饰材料（图 2-2-12、图 2-2-13）；在厨房和浴室，可选用具有防火、防水、防滑、耐酸、耐碱等性能的瓷砖和玻化砖等装饰材料（图 2-2-14）。

（2）侧面（墙面、隔断面）

侧面又称垂直界面，是室内空间的墙面或隔断面，有建筑构造的承重作用，并决定了居住空间基本形态。侧面和其他界面不一样，它的功能多样，构成自由度大，如直墙、弧墙、曲墙等，也可由不同材料构成（有机的、无机的）；侧面和人的视线垂直，是人们经常接触的部位，处于最明显的位置，因此侧面在居住空间设计的功能性、艺术性等方面要求最高，同时还要注意其必须具备的隔声、保暖、防火等功能特点（图 2-2-15、图 2-2-16）。

图 2-2-12 瓷砖铺装

图 2-2-13 木地板、地毯铺装

图 2-2-14 厨房和浴室采用瓷砖铺装

图 2-2-15 精心设计墙面造型,彰显空间特性

图 2-2-16 空间隔断和陈设摆件

墙的形式随着建筑技术和手段的进步而丰富多彩,墙的形态有虚实、色彩、质地、光线、装饰等种种变化。因此,要想获得理想的空间艺术效果,必须处理好墙面的空间形状、质感、纹样及色彩诸因素之间的关系。

侧(墙)面的表现有助于居住氛围的造就。墙面线条与纹理横向划分,可使空间向水平方向延伸,给人以安定的感觉(图 2-2-17);墙面线条与纹理纵向划分,可增加空间的高耸感,使人产生兴奋的情绪(图 2-2-18)。

侧(墙)面的装饰形式大致有:抹灰装饰、贴面装饰、涂刷装饰、板材装饰等。这些材料的特点是使用面广,灵活自由,色彩品种繁多,质感良好,施工方便,价格适中,装饰效果丰富多彩,是室内设计中大量采用的材料(图 2-2-19)。

图 2-2-17 墙面饰面造型与直线分割,增强空间安定感(左)
图 2-2-18 墙面纵斜交叉造型,增强空间动感(右)

图 2-2-19 采用木饰面板装饰墙面

（3）顶面（平顶、吊顶）

顶面指的是室内空间的顶界面,建筑上又称"天花""顶棚""天棚"等,其与底面是居住空间中相互呼应的两个面。居住空间顶面的高度决定室内空间的尺度,直接影响人们对居住空间的视觉感受。顶面结构过于复杂、装饰繁琐、高度过低会使人感到压抑,而高度过高又使人感觉过于空旷冷漠。因此,通过对空间顶面的处理,可以使空间关系明确,达到建立秩序,克服凌乱、散漫,分清主从,突出重点和中心的目的（图 2-2-20）。

顶面在装饰形式、材料、色彩、图案上要注意与底面、侧（墙）面的协调统一,与居室中家具、陈设等的体量、形状相呼应,展示出室内空间的整体美感（图 2-2-21）。

图 2-2-20 简洁的白色吊顶打破空间沉闷氛围

图 2-2-21 双层吊顶丰富空间造型层次

2. 居住空间界面的设计要点

（1）形状

界面的形状，较多情况是以结构构件、承重墙柱等为依托，以结构体系构成轮廓，形成平面、拱形、折面等不同形状的界面；室内空间形状是由点、线、面相互交错组织而成的。

居住空间界面的线主要有直线、曲线、分格线和表面凹凸变化而产生的线。线材分为硬线材和软线材，其构成形式也分为框架结构、垒积构造和编结构成、伸拉结构等。在室内设计中处处可体现出线的运用，无论是直线还是曲线都能

图 2-2-22 空间界面线状材质具有很强的节奏感

尽显其韵律感和节奏感,调整空间感,反映装饰的精美程度(图 2-2-22)。

面有长度、宽度和深度,具有平整性和延伸性。面最大特征是可以辨认形态,它的范围是由面的外轮廓线确定的,面材的构成形式主要有立体插接构成、折叠构成等。面具有鲜明的性格特征,如方形的强硬、锋锐,圆形的柔和、敦实,扇形的轻盈、华丽(图 2-2-23、图 2-2-24)。

(2)质感

质感是材质给人的感觉与印象,是人经过视觉和触觉处理后对材质产生

图 2-2-23 由分割尺寸不一的木饰板装饰墙体

图 2-2-24 地板拼花、方形墙面饰面

的心理反应。室内装饰材料的质地,根据其特性大致可以分为:天然和人工、硬质与柔软、精致与粗犷等种类的材料。不同质地和表面加工的界面材料,给人们的感受不尽相同(图 2-2-25 ~ 图 2-2-30)。

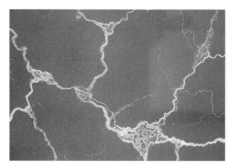 

图 2-2-25 平整光滑大理石——整洁、精密(左)

图 2-2-26 斧痕假石——有力、粗犷(右)

 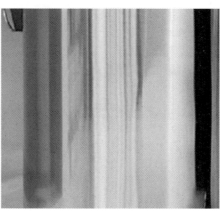

图 2-2-27 纹理清晰木材——自然、亲切(左)

图 2-2-28 镜面不锈钢——精密、科技感(右)

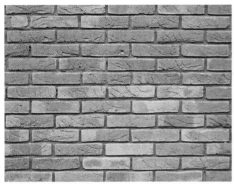 

图 2-2-29 清水勾缝砖墙面——传统、乡土味（左）

图 2-2-30 灰砂粉刷面——平易、自然（右）

在居住空间界面设计中，色彩、线形、质地之间存在内在联系和综合感知，同时受到光照等整体环境的影响。因此，在设计过程中，应充分考虑以下几条原则：

1）材料与空间性格相融合。
2）展现材料的内在美。
3）关注材料质感与距离、面积之间的关系。
4）与使用功能需求相统一。
5）兼顾材料的经济性与环保性。

（3）图案

图案是由形与色组合而成，其对居住空间环境有着直接的协调与变化作用。界面上的图案必须符合居住空间环境整体气氛要求，起到烘托、加强居住空间精神功能的作用。根据不同的场合，图案可能是具象的或抽象的、有彩的或无彩的、有主题的或无主题的；图案的表现手段有绘制的，与界面同质或不同质材料制作的。界面的图案还需要考虑与室内织物（如窗帘、地毯、床罩等）的协调。界面图案的花饰和纹样，是室内设计艺术风格定位的重要表达语言（图 2-2-31 ～图 2-2-33）。

图 2-2-31 图案可改变空间效果，表现特定气氛

模块二 居住空间设计实践篇

图 2-2-32 图案可以使空间富有静感或动感

图 2-2-33 图案彰显空间个性，表现特定主题，营造意境

（二）居住空间的动线设计

动线，即人们在室内日常活动的路径，主要包括居住动线、家务动线和访客动线。动线设计是根据居住者的生活方式和习惯进行科学组织和规划的过程，其目标是为居住者创造符合人体工程学的行动路径。在其设计过程中，应注重各区域的便捷性和舒适度，合理划分功能区域，并配备相应的设施设备，以实现良好的居住环境。

"最短""最方便""动静有别"是居住空间动线设计的核心理念。

"最短"是实现居住者以最短距离完成户内活动,有效减少或避免空间内重复行走、劳动。

"最方便"是以最少的动作完成户内运动或操作,保证活动的流畅性,避免相互打扰。

"动静有别"是尽可能减少三种动线交叉、重叠,避免造成睡眠、学习(工作)、家务或娱乐等相互干扰,影响家庭成员生活。

1. 居住动线

居住动线,也叫家人动线。涉及功能区有:客厅、餐厅、卧室、书房、卫生间、衣帽间等(图 2-2-34)。居住动线主要有以下路线:

1) 出入户路线:涉及玄关、客厅、厨房、卫生间、卧室等功能区。
2) 起床路线:涉及卧室、卫生间、衣帽间、客厅、玄关等功能区。
3) 就餐路线:涉及厨房、餐厅、卫生间、客厅等功能区。
4) 学习(工作)路线:涉及书房、阅读空间、阳台等功能区。

2. 家务动线

家务动线涉及备餐、洗衣、家务清洁。家务动线设计除了遵循居住者劳动习惯,还要充分考虑动线组合,保持使用者在使用过程中的方便、流畅和舒适,提高工作效率(图 2-2-35)。家务动线主要有以下路线:

1) 备餐路线:涉及厨房、餐厅、生活阳台、卫生间等功能区域。
2) 洗衣路线:涉及洗衣区、晾晒区、收纳区等,常用空间是洗衣房、生活阳台、衣帽间等。
3) 家务清洁路线:涉及居住空间各个区域,其中厨房、卫生间、餐厅、生活阳台等是家务清洁工作使用最为频繁区域。

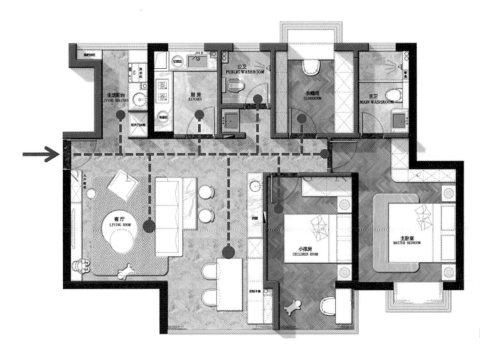

图 2-2-34 居住动线

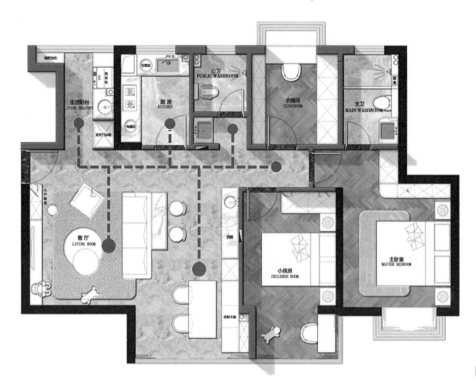

图 2-2-35 家务动线

3. 访客动线

访客动线主要指客人由玄关进入客厅、餐厅、公卫的行动路线。访客动线应尽量不与居住动线和家务动线交叉,避免客人来访时造成的冲突和出现不必要的尴尬,或者影响到家人休息或工作(图 2-2-36)。

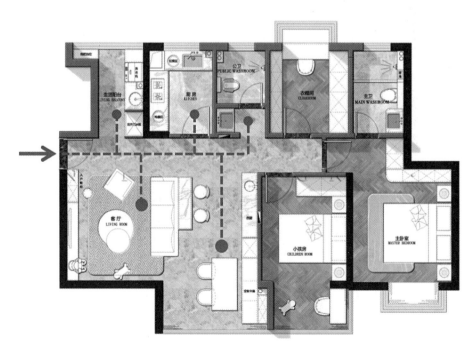

图 2-2-36 访客动线

(三)空间设计方法

1. 空间划分

受建筑结构设计、住宅公摊面积等因素制约,中型住宅的套内使用面积十分有限,因此,在空间设计中,功能分区要坚持实用为上、灵活布局的原则。以常规的卧室、餐厅、厨房、卫生间为主,不单独设有休闲区、活动室、功能房等。在各个功能区也要巧用空间,实现空间使用功能多样化,如可根据实际使用在会客、休闲、就餐等活动区中,增加学习、工作等功能的空间;在各功能区内巧用家具、色彩、装饰物等半通透或通透的处理手法象征性分区,丰富空间层次(图2-2-37)。

图2-2-37 客厅与餐厅相连的融合空间

2. 色彩使用

色彩具有先声夺人的功效,是营造空间性格最有力的工具和手段。空间色彩选择,能带给人们不同的空间、温度、距离、重量感。在中户型空间设计中,不宜用那些过于饱满和凝重的色彩,避免让人产生压迫和局促的感觉。常用具有增大空间视觉效果的冷色调,或低纯度、明度高的浅色调和中色调,让人觉得空间比实际更大一些,同样也能带给人轻松、愉快的心理感受(图2-2-38、图2-2-39)。

3. 采光技巧

中小户型住宅的采光和朝向一般都不是很理想,通常在保证不改变建筑结构前提下选择落地窗,扩大采光面积,让自然光充分进入室内。选择浅色系的家具,装饰材料可用半透明玻璃、铝箔板和镜子等,增强室内亮度,丰富空间的层次。同时,除选择安装主照明灯外,可在室内角落布置机动灯光,如地灯、落地台灯,将主光源照明不足的部分突显出来,营造明亮、温馨的空间氛围(图2-2-40)。

图 2-2-38 大面积的米白色增加空间视觉拓展性

图 2-2-39 以浅色调营造安静温馨的氛围

图 2-2-40 窗外阳光和室内射灯、灯带光影塑造空间性格

4. 空间拓展

在中户型住宅设计中，如何在有限的空间内充分发挥其实用性，是最为重要的考量因素。在空间分隔方面，我们可根据使用需求，采用滑轨拉门、隔柜等替代密闭隔断墙，实现空间相对独立，同时提升视觉效果的美感。此外，还可以充分挖掘墙面及墙角等位置的储藏功能，例如设置吊柜、边柜、角柜等；或在床铺下方、其他家具底部配备抽屉柜等（图 2-2-41）。

图 2-2-41 在客厅与餐厅间用立柜做隔断，增加收纳功能

5. 家具材质

家具的样式和尺寸对人的空间感知具有直接影响。在中户型空间中，应选择造型简约、以浅色或中色为主的家具，以营造出整洁、自然和舒适的空间氛围。在材料搭配方面，可选用金属、玻璃和木材等易于给人带来轻盈、明快和清爽感受的材料，以塑造雅致、简洁的视觉效果。因此，家具挑选对于实现室内使用功能和美观具有至关重要的作用（图 2-2-42）。

图 2-2-42 原木家具、玻璃隔断营造雅致氛围

6. 饰品选择

中户型住宅的饰品搭配应遵循"少而精、浓淡相宜"的原则。慎用大面积花纹或色彩跳跃性大的墙布、墙纸和饰物，忌用笨重粗大的装饰品，应选择造型简洁、精致的陈设品（图 2-2-43）。

图 2-2-43 选择少且精致的陈设品营造高品质的空间质感

三、案例实践

谭先生雅居设计方案

学生：吕仕东　　项目来源：校企合作项目

二维码 2-2-1　本实践项目全景图

（一）项目分析

1. 业主需求

1）家庭成员：四口之家，男主人是 IT 企业高管，女主人是教师，儿子上小学，母亲已退休。看书、品茶成了生活中必不可少的习惯。

2）设计需求：喜欢新中式风格，除满足家人居住需求外，还要有学习、工作、喝茶的空间。

2. 户型信息

1）户型结构：框架结构。

2）户型优势：小洋房，共 11 层，本案例位于第 10 层；南北朝向，楼间距合理，无遮挡，采光充足；赠送面积大，得房率高。

（二）设计定位

1. 设计思路

业主喜欢中国传统文化，受教育程度高，有思想有涵养，具有享受品质生活的条件，阅历丰富。基于此，方案设计要以中国传统气韵与现代美学相交融，传承创新传统空间的视觉体验，创造美学生活，提升生活的艺术美。

2. 设计意向

以新中式为基调，强化空间线条，简单利落、造型简洁、质感精致、大方流畅，在沉稳的木纹路、皮革、花格中融入金属碰撞，创造和谐宁静的居室风格（图2-2-44）。

图2-2-44 设计意向图

3. 色彩意向

整体空间色彩以沉稳色调为主，选择深色材质，点缀低明度的红色、蓝色，石材结合金属与木饰面板营造传统中式花格、皮雕打造抽象化山水意境，花鸟元素点缀风格，石材板岩端庄又极具神秘、浪漫之感（图2-2-45）。

4. 陈设意向

选择具有中国特色的陈设如雕花花格、水墨装饰画、花鸟墙布等点亮整个空间，传达富有中式意境的空间（图2-2-46）。

（三）功能空间分析

1. 户型改造策略

1）户型分析。该户型方正，南北通透，开发商赠送结构板、阳台塔板等建筑面积达将近33m²，套内建筑面积151m²，套内使用面积142m²。另外，该

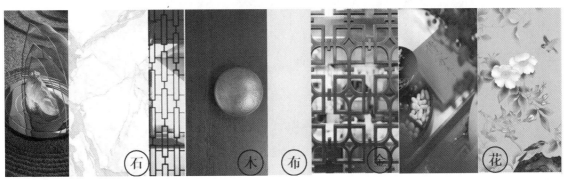

户型承重墙主要集中于外墙,空间可灵活改造,可根据业主需求对空间进行合理规划布局(图2-2-47)。

2)户型改造。在确保整个户型的公共区和私密区分区明确的前提下,本案户型改造的重点,一是对入户门右侧结构板、靠近主卫的阳台进行封窗,纳入室内使用空间,将靠近餐厅的结构板改为生活阳台,增加家务保洁、衣物洗涤晾晒区域。二是对主卧、次卧等区域的非承重墙进行拆除,重新规划私密区域,提升居住舒适度。基于此,在满足业主居住需求的基础上,根据业主家庭成员特点和个性化需求,规划出了三种户型改造方案。

2. 方案一

在满足家庭成员居住需求上,重点提升主人卧室居住品质(图2-2-48)。

1)公共区域规划:将观景阳台纳入客厅,两者融为一体,扩宽客厅视野,餐厅、厨房、客卫等空间保持原格局不变。单独设置书房、茶室,确保这

图2-2-45 山水、皮雕、花格在整个空间中相融合(上)

图2-2-46 金属、木质、墙布、镜面的穿插设计(下)

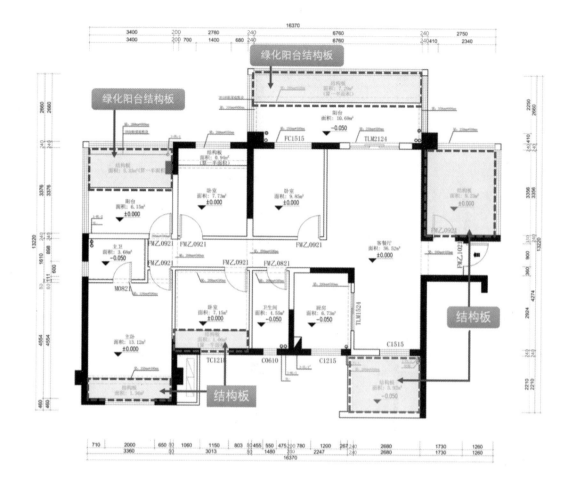

两个空间既有独立性，又可满足家人共享。

图 2-2-47 原始结构图

2）私密区域规划：

● 主卧规划：是布局规划重点，主要是整合纵向的主卧室和绿化阳台，把主人房门口外移，留出衣帽间和卧室的主要通道，保持南北连通的整体空间。拓宽主卫空间，使之可用卫生间四件套，提升主卧居住的便捷舒适性，空间宽敞大方，让主人拥有独立的私人生活空间，居住品质更显著。

● 长辈房规划：考虑长辈起居特点，设在连通观景阳台的出入口，方便长辈日常起居。

● 儿童房规划：设在靠近主卧处，方便主人照顾。

● 卫生间规划：公共卫生间保持原有格局。扩大主卧卫生间使用面积，使之能够放置浴缸、洗脸台、智能马桶、淋浴器等设施。

3. 方案二

保持方案一的公共区域的客餐厅、书房和茶室，私密区域的儿童房、长辈房等布局形式不变。重点将书房和主卧的衣帽间进行对换，这样更能保证书房静谧的特点，又拉近主卧、衣帽间和主卫三者的距离，使空间更融合（图 2-2-49）。

模块二 居住空间设计实践篇 | 97

图 2-2-48 平面布局方案一

图 2-2-49 平面布局方案二

4. 方案三

1) 公共区域布局：

● 客餐厅布局：家具摆放方位和形式十分讲究，客厅是公共区域家具布局的重中之重，布置是否妥当，会直接影响业主居住舒适体验感。因此，客厅沙发采取对称式布局形式，沙发背靠茶室（书房），家人坐在沙发就能统揽整个空间，掌握家中一举一动。同时，又更好观览阳台，欣赏窗外美景。另外，玄关、客厅、餐厅和休闲阳台不做任何隔断，确保空间动线顺畅，确保家人交流、会客团聚的空间舒适性（图 2-2-50）。

● 厨房功能布局：厨房采用"U"形布局，分设有食物储藏区、洗涤区、操作区、烹饪区等功能区域（图 2-2-51）。

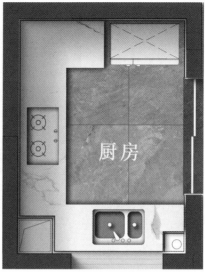

图 2-2-50 客厅家具布局采用对称形式（左）

图 2-2-51 厨房布局样式（右）

● 卫生间功能布局：主卫、客卫都设置有淋浴区、盥洗区、如厕区，做干湿区域处理的三分离划分，解决洗澡后的空间潮湿问题，避免造成地面湿滑、引起安全隐患，这也是现代居住空间标配布局（图 2-2-52）。

2）保留长辈房、卫生间、阳台等区域原定的格局。将书房、茶室的功能合并，兼顾工作、阅读、品茗和会友等功能。

3）精心规划儿童房、主卧的空间布局。

● 儿童房空间布局：拆除原书房与儿童房的隔墙，学习区在儿童房里面，让儿童房空间层次丰富起来，并且动静结合的分区，交通流线也顺畅。空间处理上减少空间死角，建立集收纳、学习、生活于一体的丰富层次的生活空间（图 2-2-53）。

● 主卧空间布局：拆除主卧室和衣帽间的隔墙，打破空间分割，使主人私密区域更整体化，形成洄游空间，空间体验更友好（图 2-2-54）。

通过三种方案的功能对比，最后业主选择了方案三。

本户型平面布局方案，强化了业主（青年夫妇）、儿童的使用空间的独立性、私密性，使空间的私密区域、公共区域的划分更加明确，让家人的起居、

图 2-2-52 干湿分离的卫生间（左）

图 2-2-53 满足儿童成长需求的功能空间（右）

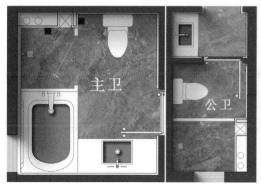
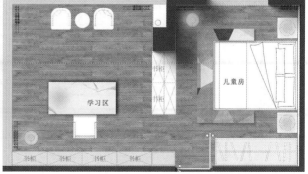

工作和学习等功能更集中，空间使用的舒适感更强。同时，在整个空间格局中也形成了对称的功能分布形式，呼应了新中式设计特点，更好地营造出东方空间美学（图2-2-55、图2-2-56）。

（四）空间效果表现

境由心生，心随境转。本案例以新中式风格特有的形、色、意和韵来营造雅致、禅意的家，潜移默化地改变业主的心境，让心灵挣脱束缚，回归轻松自由，获得超然而风雅的文人境界。

1. 客餐厅设计

客厅电视背景墙为"方"形，沙发背景墙为"圆"形，遵循了中国传统思想中"天圆地方"的对称设计理念，空间界面巧用留白、虚实结合、方中有圆等中式设计语言，一虚一实相互搭配，营造富有节奏感的现代空间（图2-2-57）。

空间配色以禅意白、原木色、典雅黑等素雅的颜色作为主色调，局部配中国红、宝石蓝、亮黄色，让空间在不流失国风典雅大方的同时，又增添一抹鲜活明朗（图2-2-58）。

图2-2-54 主卧、衣帽间融为一体，形成私密性极强的私人空间

图2-2-55 平面布局方案三

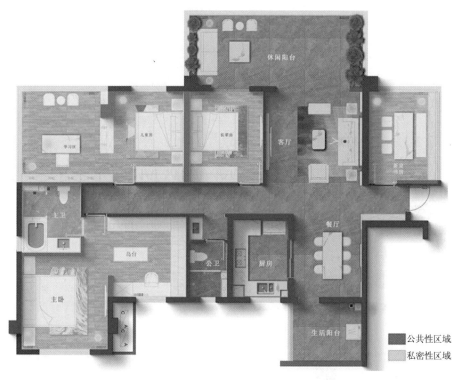

图 2-2-56 公共性区域和私密性区域分布

图 2-2-57 客厅设计演绎着"天圆地方"的中国哲学思想

家具选用线条简约的明式家具，搭配中国红的丝绒抱枕、宝石绿的坐墩，呈现出内敛古朴的气质；饰品包括瓷器、中国画及茶壶等，使家居空间弥漫着诗意与文人气息，彰显空间的古典韵味与雅致。客餐厅精挑细选陈设品和家具，让"文雅"与"时尚"并存，"传统"与"现代"交融，整个空间无处不展现东方意境（图 2-2-59）。

图 2-2-58 客厅色彩的空间氛围

图 2-2-59 客餐厅陈设品和家具

2. 主卧设计

主卧室空间界面造型呈现方圆和谐之美,房间的色彩通过木色、白色、红褐色以及蓝色的巧妙搭配,呈现出温馨和谐的氛围。衣帽区设置的玻璃衣柜,使得空间显得更为开阔明亮。在自然光与灯光的交融下,光与影的对话营造出静谧的氛围,细腻地勾勒出生活的质感与惬意时光(图 2-2-60、图 2-2-61)。

图 2-2-60 淡雅、温馨的主卧室

图 2-2-61 明亮的衣帽区

3. 长辈房设计

在长辈房的设计中,秉持着安全、实用的基本原则,力求营造出端庄典雅、温馨舒适的居住环境。木质衣柜强化了房间内敛的优雅气质,中国山水画的床头背景墙则描绘出自然生机,使整个空间充满诗情画意(图 2-2-62)。

4. 儿童房设计

儿童房的设计延续了主卧的风格,但在配色方面有所区别。房间以蓝色

模块二 居住空间设计实践篇

图 2-2-62 温馨、自然的长辈房

为主调,展现了孩子的兴趣爱好和生活方式。在休息区与学习区之间设有隔断,立柜上陈列着儿童玩具、书籍等物品,成为连接现实与梦想的纽带,为儿童空间赋予自由、充满活力的氛围(图 2-2-63、图 2-2-64)。

5. 茶室(书房)设计

茶室的设计摒弃了冗余的装饰,色彩搭配追求简约优雅,以黑色、白色、蓝色、灰色及咖啡色等中性色调相互搭配,陈设物品精致且实用。这个空间以大自然之美为灵感,营造出茶室的宁静氛围,彰显回归自然、清新淡雅的设计理念(图 2-2-65)。

图 2-2-63 科技蓝营造着宁静又充满梦想的休息区

图 2-2-64 充满童趣的学习区

图 2-2-65 清新、淡雅的茶室空间

❖ **本项目小结**

  本项目对中户型住宅的定义进行了全面的解析,深入探讨了居住空间动线的设计理念以及空间界面的关键要素。通过研究经典案例,以及学生实践项目的实际操作,使学生能够更深入地理解特定风格的设计策略,并掌握其空间设计的表达技巧。

❖ **推荐阅读资料**

1. 魏祥奇. 室内设计风格详解 中式 [M]. 南京：江苏凤凰科学技术出版社，2016.
2. 顾浩，蔡明. 室内设计黄金法则 [M]. 北京：中国电力出版社，2022.
3. 祝彬，樊丁. 色彩搭配室内设计师必备宝典 [M]. 北京：化学工业出版社，2021.

❖ **学习思考**

1. 名称解释

   中户型住宅　居住空间动线　空间界面

2. 填空题

   （1）空间界面主要包括＿＿＿、＿＿＿和＿＿＿。

   （2）空间界面的设计要点包括＿＿＿、＿＿＿和＿＿＿。

   （3）居住空间的动线主要包括＿＿＿、＿＿＿和＿＿＿。

3. 简答题

   （1）简述住宅空间界面的特点及设计要领。

   （2）简述新中式风格特点及设计表现策略。

项目三　大户型空间设计

❖ **教学目标**

通过本项目的学习，使学生了解大户型空间的基本特征、空间布局规划特点，掌握大户型空间的规划布局、界面设计、色彩搭配和照明设计等专业技能，初步具有大户型空间尺度把控及设计能力，能够承担大户型空间的设计任务。

❖ **教学要求**

知识要点	能力与素养要求	权重	自测分数
大户型的定义、常见户型结构及特点	熟悉大户型空间的特点，能根据住宅面积识别出户型类型，具有较强户型识别能力	10%	
大户型空间布局规划程序、布局特点	掌握大户型的空间功能分区、动线设计方法，具有较强的"以人为本"的设计素养和服务意识	20%	
大户型空间设计常用手法：凹凸设计、悬浮设计和对比设计等	掌握大户型空间设计方法，能按照特定室内设计风格完成空间界面设计，具有较强的空间设计表达能力和较高的美学修养	30%	
空间色彩特性，掌握空间的背景色、主体色和强调色三者关系处理方法	熟悉空间色彩特性，掌握大户型空间色彩搭配技巧，能根据室内特定风格搭配好空间色彩关系，具有较高空间色彩审美意识	30%	
常用灯具种类及特点、居住空间照明方式	熟悉各种照明设备的种类，并掌握空间照明系统设计形式，能关注节能环保，具有较高社会责任感和职业道德意识	10%	

❖ 经典案例赏析

本案例是东莞某地产的样板间，建筑面积240m²，四室两厅三卫（图2-3-1），属于高端定制住宅产品，是由国内知名设计师执掌设计，在塑造空间质感上精雕细琢，致力于为城市新贵塑造现代精品生活空间典范。

该项目的公共空间的设计灵感来自"玉"，主要从玉的品质及器型的处理上入手并进行延伸，为空间提取了玉的弧线及它的温润感、高贵感（图2-3-2）。

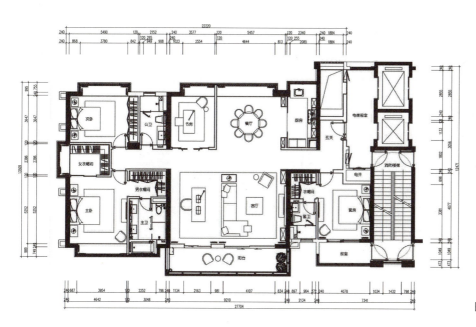

图2-3-1 项目户型图

图2-3-2 高贵典雅的入户大堂

模块二 居住空间设计实践篇 107

客餐厅设计，拥有适宜的功能性，两侧超大面宽的玻璃未使用一道分隔，将光线与户外风景纳入眼帘，拥有大方开敞的格局、明亮的视野，感受与自然为邻的惬意（图2-3-3）。

图2-3-3 明亮宽敞的客餐厅

客厅中不做过于抢眼的造型，也没有浓墨重彩的渲染，而是以最经典的现代设计笔触，令金属、皮革、石材等所有元素协调相处，并选用带有高级感的中性色，来演绎一种"低调的奢华"（图2-3-4、图2-3-5）。

图2-3-4 造型简洁、色彩明亮的客厅沙发

图 2-3-5 精致、复古、明亮且富有高级感的客餐厅

中餐区与西厨区居中布置,两侧打造内嵌式置物区,客餐厅作为中心,中轴动线串联各功能区,主次关系配合得当(图2-3-6、图2-3-7)。

在卧室的设计上,强调的是舒展与放松,没有过于奢华的设计,但流露出精致的生活情调。

硬装采用简约流畅的线条,矩阵的家具布置精准地平衡了设计感与实用性,采用玛瑙玉和巴黎灰大理石,浅色木饰面,暖色皮革,层次分明,简约丰盈,灵动感与舒适度密切交叠组织了一个简约干练又华丽时尚的栖息场所(图2-3-8~图2-3-12)。

图 2-3-6 如玉般洁白、干净的西厨区

模块二 居住空间设计实践篇 109

图 2-3-7 温馨、洁白的中餐区

图 2-3-8 低调、华丽的主卧

图 2-3-9 主卧衣帽区

图 2-3-10　主卧的书房

图 2-3-11　长辈房

图 2-3-12　儿童房

一、大户型空间设计基本知识

(一) 大户型的概念

大户型可以理解为一种特殊的住宅类型，其居住空间宽敞，面积较大。此类住宅通常包含多个卧室、卫生间以及客厅等功能区域，旨在满足家庭成员的居住需求，同时营造舒适、宽敞的生活环境。

在业内，大户型的划分通常依据面积、定位等要素进行：首先，根据我国契税缴纳标准，面积在144m²及以上的住宅，契税率为3%（非普通住宅），可视为大户型；其次，成交价格高于同级别土地上成交均价的1~2倍以上的低密度住宅，占地面积大且容积率低、户型面积大的住宅也可视为大户型。因此，大户型通常是指建筑面积大、容积率较低的住宅户型，其建筑面积在144~250m²不等。常见的户型类型主要包括以下几种（表2-3-1）。

常见户型类别　　　　　　　表2-3-1

户型类别	定义及主要特征
平层	所有的住宅功能（客厅、卧室、浴室、餐厅、厨房）等都处于同一平面。其特点：同一楼层，家人互动友好，空间布局灵活
错层	住宅内的各功能用房不处于同一平面，即房内的客厅、卧室、厨房、阳台处于几个高度不同的平面上。其特点：实现"动态"与"静态"相结合
跃层	套内空间跨越两个楼层以上的户型，屋内有楼梯联系上下层，一般在首层安排起居室、厨房、餐厅、卫生间，二层安排卧室、书房、卫生间等。其优点："动""静"相对独立，私密性强
复式	住宅空间功能放置于两个或两个以上平面层上，与跃层的最大区别在于复式户内拥有一个或几个房间是贯穿两层的通透空间。其特点： ①具备跃层的两层布局特点； ②套内空间有贯穿上下层的通透空间，空间层次丰富、气派

(二) 大户型优势

中小户型由于受空间面积的限制，单个空间功能多元化，无法细分功能区，无法满足居住者更多的个性化功能。而大户型恰好相反，空间大，可选择性更多，在保证基本起居生活需求的前提下，可增加更多的个性化功能区域，比如：书房、茶室、运动室、会客厅、储藏室、休闲区等。空间功能分区可以更加明确，各个空间相对独立，更利于保护隐私。

二、大户型空间设计要素

(一) 空间界面设计

1. 空间规划布局

（1）明确居住需求

绝大多数大户型都是四室两厅及以上的格局。设计前，需要明确业主的居住需求,包括:未来有几个人居住,父母是否同住,是否生三胎,以及需要实现哪些功能等,再来合理地规划空间。同时,注意需要考虑空间未来功能拓展性。

(2)明确功能分区

1)合理安排居住空间动线。居住空间动线包括居住动线、家务动线和访客动线。设计这三种动线时,除了保证顺畅外,还要保证动线相互之间的独立,特别注意的是访客动线和居住动线,应避免交叉,保证不泄露隐私。

2)动静分区、公私分明。动区是指客厅、餐厅、厨房等活动频繁,噪声多、容易受到干扰的空间,静区是指卧室等环境相对安静的区域。大户型完全可以做到动静分区,在设计时,应将动静区分开,避免动区正在活动的人影响到房间里休息、工作或学习的人。另外,公私要分明,注意将卧室、主卫等私密空间尽量布置在房屋的最里侧,避免客人进入私人领域,保护个人隐私(图2-3-13)。

2. 空间界面设计方法

(1)凹凸设计

凹凸设计手法,是指在室内空间界面或家具的布置上采用凹凸错位形式,强化空间韵律效果,被设计师广泛采用的一种设计策略(图2-3-14)。

(2)悬浮设计

悬浮设计手法,即对柜子、桌板或隔断墙等实施"不落地"的设计,营造出悬浮的视觉效应,使空间显得更为轻盈和通透。这种设计手法广泛应用于现代简约风格和雅致风格等设计中(图2-3-15)。

图2-3-13 大户型功能分区

图 2-3-14 统一且有次序的变化,在顶面、墙面做切割,形成凹凸层次,呈现极强的韵律感

图 2-3-15 悬浮设计常会与灯光设计相结合,共同营造更具现代感的氛围

(3)对比设计

对比设计手法,即在同一空间中将两种截然不同的元素,如材质、形态、色彩、灯光等对立因素巧妙地融合在一起。这些对立元素既保持各自的特色,又能相互协调,形成矛盾而又统一的整体。在这种对比中,寻求互补和个性化效果。常见的对比设计形式包括造型的方圆、材质的新旧、空间的大小、灯光的强弱以及线条的粗细等(图 2-3-16)。

(二)空间色彩搭配

色彩搭配必须符合空间界面的造型样式,发挥色彩美化空间的作用,可

图 2-3-16 柜子、搁架大小有序对比排列,家具方圆、硬软相互搭配,让空间柔和、温馨

运用对比与调和、节奏与韵律等形式美法则处理好主体与背景的关系,实现色彩的统一与变化,可从以下几个方面入手设计。

1. 明确居住空间色彩的主色调

确定居住空间的色彩主色调,应和业主要求的主题贴切,甚至一致,即选择什么样的主题表现客户的内在品质和愿望,然后确定用什么样的主色调来满足主题的表达,如业主希望居住空间是典雅、华丽、安静或活跃的,还是纯朴的。选定主色调的颜色要占空间色彩的中心或最大面积的背景,再在此基础上考虑局部的、不同部位的适当变化。总之,主色调就是为了增加整体统一感而将空间的材料色彩、界面造型、家具质感等因素统一起来的调和剂(图 2-3-17)。

2. 次主色调与主色调相协调

确定空间色彩主色调后,就要考虑色彩的施色物件及其所占比例。通常居住空间的主色调要占有较大比例,次主色调是协调主色调的色彩,所占比例

二维码 2-3-1 正恒 A 户型全景图

图 2-3-17 木原色为主色调,以褐色、黄色等近似色相调和,营造清新、温馨的空间氛围

图 2-3-18 粉色系空间，运用黄色、褐色作为次色调，丰富空间色彩层次

要较小。这两种色调通过色彩以似音律的节奏连续性搭配，形成一个协调性强、形式丰富、和谐统一的空间效果。如在一套沙发、几个靠垫、一组背景墙、壁画或灯具、角几上的装饰品之间，都有相同的色系相互联系，实现空间与物之间建立协调的关系。既给整体空间带来氛围变化，又使得整体空间显得更加和谐统一（图2-3-18）。

3. 在局部变化中实现统一，加强色彩的独特魅力

背景色、主体色、强调色三者之间的色彩关系并非孤立、固定的。需要把握好空间色彩的层次关系和视觉中心，要用色彩的重复性布置成连续的节奏、运用对比色彩等方法处理，才能达到丰富多彩。

（1）色彩对比应用

色彩对比形式具有点化空间效果的作用，加强色彩之间的相互关系，会让对比的颜色显得更加艳丽，并相对淡化其他的颜色。色彩对比搭配方法主要有色相对比、明度对比、补色对比、无彩色对比、彩度对比，以及彩色与非彩色对比等（图2-3-19）。

（2）色彩相互呼应

色彩相互呼应指的是把同一种色彩同时赋到空间几个不同部位上，让该色彩成为空间主色调产生变化的关键色。如用统一顶面、地面的色彩衬托墙面和家具；用统一墙面、地面的色彩来突出顶面、家具；或当顶面、墙面、家具都是同一色系，可用墙面上装饰品、书柜、衣柜，或桌上的摆件、沙发的靠垫、灯具等来强化整体色彩中的局部变化和呼应（图2-3-20）。

4. 利用色彩改善空间效果

利用人对色彩的感知，可运用色彩在一定程度上改变空间尺度、分隔和

图 2-3-19 在暖黄色主色调中,搭配了蓝色,强化空间的活泼氛围

图 2-3-20 以米白色为主调,木饰板、吊灯和灯带的暖光相互呼应,营造舒适、温馨的空间氛围

渗透空间,改善空间视觉效果。如居住空间层高过高,采用红色、黄色等近感色,减弱空旷感;柱子过细,宜用浅色,扩宽视觉感受;柱子过粗,宜用深色,减弱笨粗之感(图 2-3-21)。

模块二 居住空间设计实践篇 117

图 2-3-21 大面积使用白色,柔化过小客餐厅界面,整个空间显得更为开阔

(三)空间照明设计

1. 居住空间照明类型

"没有光就不存在空间。"光线是人们感受室内空间效果必不可少的前提,是表达空间形态、营造环境气氛的基本元素。居住空间光照效果的设计,通常采用自然光和人工光等两种方式:

1)自然光:通过门、窗等位置进行日光照射。自然光能够基本满足照明的需求,具有明朗、健康、舒适、节能的优点,但受制于朝向、时间、季节等。

2)人工照明:利用发光物体进行室内照明。具有光照稳定,可根据每个空间的需要灵活设置灯具,自由地调整光的方向、颜色等优势,是居室照明设计的主要部分。

根据室内照明灯具品种和光照效果的不同,可将人工照明方式分为直接照明、半直接照明、间接照明、半间接照明和漫反射照明等(表2-3-2)。

人工照明类型　　　　　　　　　表 2-3-2

人工照明类型	图例	特点
直接照明		90%以上的灯光直接照射被照的物体。 特点:空间明亮,明暗对比强烈
半直接照明		60%~90%的灯光直接照射被照物体,10%~40%的灯光向上漫射后投射被照物体。 特点:空间较明亮,光线比直接照明柔和,空间感较强

续表

人工照明类型	图例	特点
间接照明		将光源遮蔽，使 90% 以上的光投射墙壁或顶面后，再反射到被照明物体上。 特点：光线均匀柔和，适合用于营造空间气氛，是常用的装饰照明方法
半间接照明		60% 以上的灯光投射墙面和顶面后，再反射到被照物体上，只有少量的光线直接投射到被照物。 特点：居住空间光线柔和，明暗对比不太强烈
漫反射照明		用半透明灯罩把光线全部封闭，光线均匀地向四周漫射。 特点：光线柔和，视觉舒适，适于卧室等休息场所

2. 灯具的种类

1）吊灯：适合于客厅、餐厅、卧室、走廊等地方。吊灯的花样最多，常用的有五叉圆球吊灯、玉兰罩花灯、橄榄吊灯、欧式烛台吊灯、中式吊灯、水晶吊灯、羊皮纸吊灯、时尚吊灯、锥形罩花灯、尖扁罩花灯、束腰罩花灯等（图 2-3-22）。

图 2-3-22 中式风格的吊灯

2）吸顶灯：紧贴顶面安装的灯具。其款式十分丰富，需要根据空间设计风格选定样式。其常用于客厅、卧室、厨房、卫生间等地方（图2-3-23）。

图2-3-23 现代风格的吸顶灯

3）壁灯：安装在室内墙壁上的装饰灯具。壁灯的照明度不宜过大，造型要富有装饰性，多用于阳台、楼梯、走廊过道以及卧室等地方（图2-3-24）。

图2-3-24 现代风格的壁灯

4）台灯：放在台桌、茶几、矮柜上的局部照明的灯具，用于阅读或陈设装饰用途（图2-3-25）。

5）落地灯：是起居室、休息室、书房等空间的局部照明灯具，主要用于局部照明和点缀居住空间氛围。其款式有直杆式、抛物线式、摇臂式、杠杆式等（图2-3-26）。

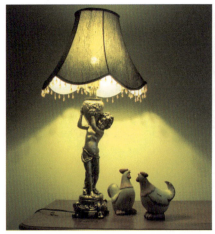
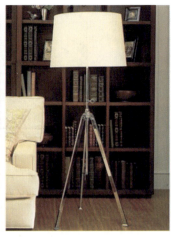

6）磁吸灯、射灯、轨道灯、筒灯、线灯和格栅灯：在欧式风格、中式风格的居住空间中，常用灯具强化空间装饰效果，烘托空间氛围。但在现代简约风格、现代雅致风格等空间设计风格使用时，其既有空间照明作用，又具有装饰、烘托氛围的作用，是无主灯空间照明系统中常用的灯具（图2-3-27）。

图2-3-25 欧式风格的台灯（左）

图2-3-26 现代风格的落地灯（中、右）

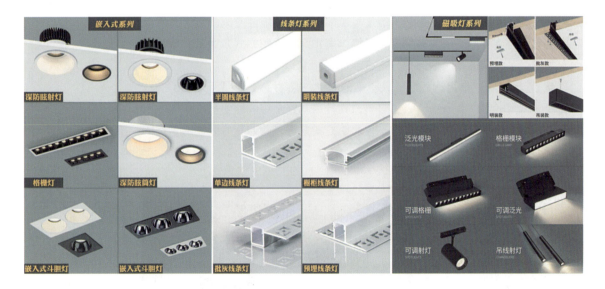

3. 居住空间照明设计

（1）了解不同灯光色温值对人的心理作用

居住空间的灯光除照亮空间外，也可调节居住者的情绪，是家居空间营造温馨浪漫的主要元素。不同色温的灯具照射有暖色、冷色或中色等不同灯光颜色，会让人产生不同的心理感受。在居住空间照明系统设计时，要根据各空间的功能特点选择合适色温的灯具（低色温呈暖黄色，高色温呈冷白色），才能设计出适合居住空间的照明系统。可选择以下灯光色温值搭配各个区域的灯饰（图2-3-28）：

图2-3-27 无主灯照明系统的常用各类灯具

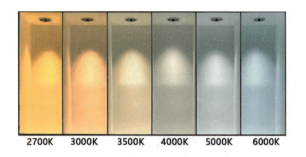

图 2-3-28 不同灯光色温值产生不同色彩

- 客厅选择 4000～4500K，空间清晰明亮，令人心情舒畅。
- 餐厅选择 3000～3500K，增加食品色感，令家人食欲大开。
- 卧室选择 2700～3500K，空间温暖，有助家人睡眠，有利于身体健康。
- 卫生间选择 4000～5000K，空间明亮、温馨且可消除安全隐患。
- 厨房选择 5000～6000K，让污渍无处可藏。
- 衣帽间选择 4000～5000K，让衣服没有色差。

（2）居住空间照明方式

1）有主灯式照明设计，是指在空间照明系统中，各功能区域均用一盏照明亮度高的吊灯或吸顶灯来作为空间主光源，保证空间亮度，再加射灯、筒灯或灯带等灯具照亮局部空间，或装饰空间氛围。这样，整个室内空间有了一定的亮度，满足了舒适的居家生活的照度标准的需要，又能让空间的灯光有着丰富层次感，营造着舒适、温馨的家居环境。有主灯式照明方式，通常将整体照明、局部照明和装饰照明这三种方式综合运用。

- 整体照明，是为达到空间最基础的功能性照明，不需要考虑局部的特殊需要。常用的灯具有吊顶、吸顶灯等。其特点：整个空间照明亮度均匀，照射面广，能使空间显得明亮和宽敞。该照明方式是许多普通家庭装修时常用的（图 2-3-29）。

图 2-3-29 整体照明，保证空间亮度

● 局部照明，是为满足室内局部空间氛围的需要，设置一盏或多盏灯具，为该区域提供集中光线。常用于客厅餐厅的装饰墙、卧室的床头、书房台面等地方，常用筒灯、射灯、落地灯、台灯和壁灯等。其特点：照明集中，局部空间照度高，可形成有特点的气氛和意境（图2-3-30）。

● 装饰照明，又称氛围照明，是以色光营造一种带有装饰味的气氛或戏剧性的效果。其目的是丰富空间的色彩感和层次感。常用壁灯、台灯、落地灯、灯带、射灯和筒灯等。其特点是：可根据居住空间各部分的特点创造出或华贵，或质朴，或现代，或明快，或幽雅，或奔放等的个性空间（图2-3-31）。

图2-3-30 局部照明，既可满足局部空间的基本照明，又可营造空间氛围

图2-3-31 装饰照明，营造空间特定意境

2）无主灯式照明设计，是现代简约、现代雅致等设计风格的一种照明设计手法，目的是追求一种极简空间效果。

无主灯式照明设计，并非没有主照明，而是将照明设计成了藏在吊顶里的一种隐式照明。它摒弃了单一的大吊灯，用灯带、筒灯、射灯、落地灯等灯具替代，通过多种光源的组合搭配，营造适宜家居的光影氛围，让整个空间看起来不再单一，更有层次感，极具格调。无主灯式照明设计常用灯具有：射灯、筒灯、灯带、轨道灯、落地灯、壁灯和装饰灯。

相对于有主灯式照明方式，无主灯式照明方式对空间设计要求更高。装修前，需要充分规划好多种灯光照明效果和空间亮度；装修时，需要在吊顶或墙板预留轨道灯、射灯，或筒灯等灯具的安装位置，电源线等。

①客厅无主灯设计

● 电视墙／沙发背景墙区域吊顶。安装嵌入式磁吸轨道：泛光灯、格栅灯，其中泛光灯做基础照明；格栅灯用于重点照明沙发或"洗墙"，烘托空间氛围；吊顶COB灯带，兼顾照明和氛围制作。

● 客厅中间吊顶。安装嵌入式射灯，重点照明，照亮茶几。

● 客厅两边吊顶。嵌入式筒灯，做基础照明，照亮周围环境（图2-3-32、图2-3-33）。

②餐厅无主灯设计

● 餐厅中心安装功率12W、色温3500K的COB灯带，可提亮空间照明，拓宽空间视觉。

● 餐厅中间安装功率9W、色温4000K、光束角36°的嵌入式射灯，重点照亮餐桌。

● 餐厅两边吊顶安装功率7W、色温3500K、光束角36°的嵌入式筒灯，照亮餐厅（图2-3-34、图2-3-35）。

③卧室无主灯设计

● 床头吊顶安装吊灯和射灯。吊灯补充阅读亮度，增强照度；射灯重点照明床头柜。射灯功率7W、色温3500K、光束角36°。

● 床中吊顶安装射灯，营造睡眠氛围感。射灯功率7W、色温3500K、光束角36°。

二维码2-3-2 巴马某楼盘A户型样板间概念方案

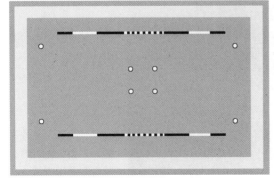

图2-3-32 客厅无主灯设计示意图（左）

图2-3-33 客厅无主灯设计效果（右）

注：COB灯带，即采用COB（Chip-on-Board）封装技术的LED灯带，是一种集成了多个LED芯片的高亮度、高均匀性和高集成度的光源。相较于传统的SMD封装LED灯带，COB灯带具备更高的亮度、更好的光效和光均匀性，同时能实现更高的集成度和更小的体积。

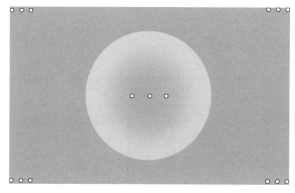 

● 床尾过道安装射灯，补充过道灯光，增亮床尾区域。射灯功率 9W、色温 3500K、光束角 36°（图 2-3-36、图 2-3-37）。

图 2-3-34 餐厅无主灯设计示意图（左）
图 2-3-35 餐厅无主灯设计效果（右）

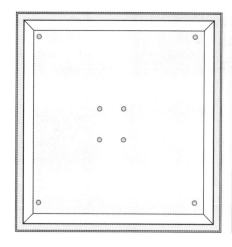 

④书房无主灯设计
● 吊顶四周安装 COB 低压灯带，增加空间亮度，并在视觉上提升空间层高。
● 吊顶中间安装嵌入式线性灯，提升空间亮度，空间光亮均匀。
● 房间中间安装防眩筒灯，保证工作、阅读的空间亮度（图 2-3-38、图 2-3-39）。

⑤衣帽间无主灯设计
● 房间四周安装防眩射灯，对衣物重点照明，凸显质感和细节，还原衣物原色。
● 房间中间安装防眩筒灯，做基础照明，照亮人和衣服，使空间无暗区。筒灯功率 7W、色温 4000K、光束角 60°。
● 通常衣帽间面积 ≤ 7m² 时，在吊顶中间设置四盏筒灯即可；面积 > 7m² 时，需要增加四个角落的防眩射灯。射灯功率 7W、色温 4000K、光束角 36°（图 2-3-40、图 2-3-41）。

图 2-3-36 卧室无主灯设计示意图（左）
图 2-3-37 卧室无主灯设计效果（右）

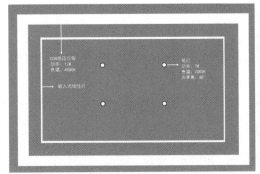 

图 2-3-38 书房无主灯设计示意图（左）
图 2-3-39 书房无主灯设计效果（右）

图 2-3-40 衣帽间无主灯设计示意图（左）
图 2-3-41 衣帽间无主灯设计效果（右）

三、案例实践

南宁某大户型住宅设计方案

设计师：李艳兰　制图员：王欣欣　项目来源：校企合作企业

二维码 2-3-3 本实践项目资源下载

（一）项目分析

1. 项目信息

户型信息：框架结构，项目所在楼层为第七、八层，共两层，属于复式楼户型，建筑面积 200m²，赠送露台 150m²，可规划设计面积 350m²。楼间距宽、私密性强、采光通风充足，属于改善型户型。

2. 业主需求

1）业主信息：小康之家，文化水平高，喜欢时尚、艺术。5 口人，男主人是某文化传媒董事长；女主人是服装设计师，创办有个人服装品牌；儿子 8 岁，读小学；女儿 16 岁，高中生；母亲退休干部。

2）设计需求：喜欢现代、典雅的家居风格。需要有中西餐区、茶室、瑜伽室、阳光房等。

（二）设计准备

项目勘测

1）原始建筑数据采集。现场勘测建筑结构图，并准确地绘制出建筑原始结构平面图、顶梁定位图等（图 2-3-42～图 2-3-47）。

图 2-3-42 一层毛坯房现场图

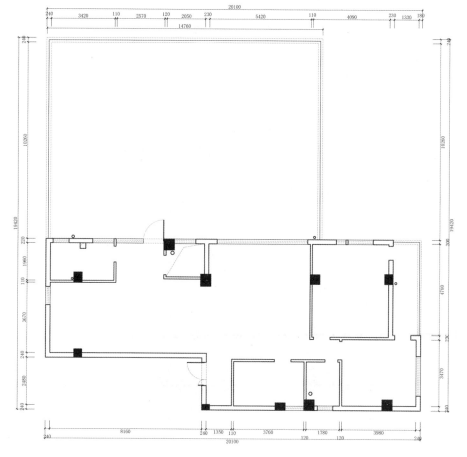

图 2-3-43 一层建筑原始结构平面图

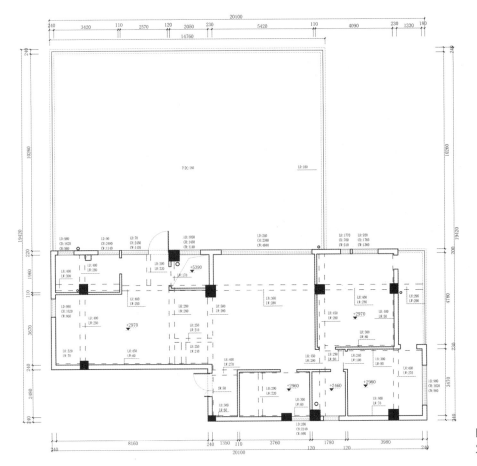

图 2-3-44 一层顶梁定位图

图 2-3-45 二层毛坯房现场图

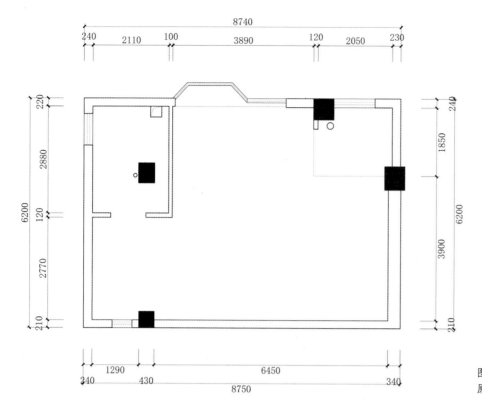

图 2-3-46 二层建筑原始结构平面图

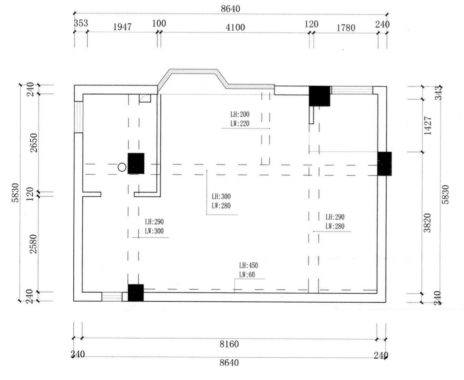

图 2-3-47 二层顶梁定位图

模块二 居住空间设计实践篇

2）户型改造。根据业主居住功能需求和现场勘测数据，分析原户型的利弊，并提出合理的解决方案。

● 户型现状：房子老旧，户型利用不充分，露台很大，横梁多，柱子多。

● 客户需求：一层空间设置老人、小孩起居室和1间客房；客厅搭配喝茶区，餐厅中西餐合并，有西餐区、中餐区；露台改成田园花园，既方便聚会、家人休闲，又可劳动体验。二层空间为主人私人空间，需要衣帽间、书房、形体训练室等。

● 规划空间布局：拆除一楼非承重墙体、砌隔断砖墙，二楼按同样方式处理（图2-3-48～图2-3-51）。

3）平面布置设计。

● 一层布局规划。一层属于家人起居核心区，是家人休息、交流、团聚、就餐、会友等重要区域。根据建筑空间结构特点，以客厅为中心，规划出公共功能区、私密功能区和家务功能区等功能区，确保其使用合理且互不干扰，实现动静有别（图2-3-52～图2-3-54）。

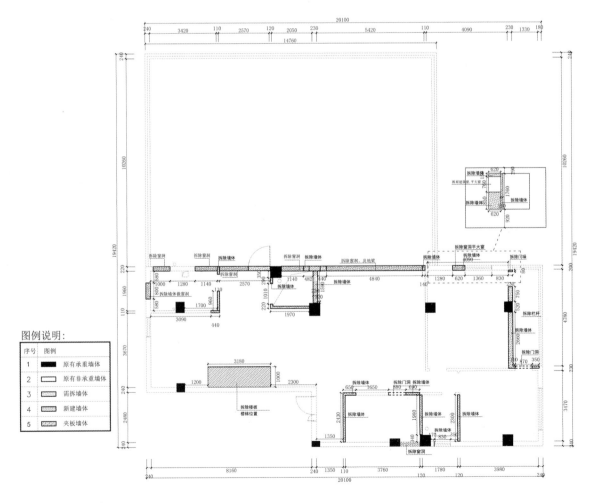

图2-3-48 一层拆墙位置图

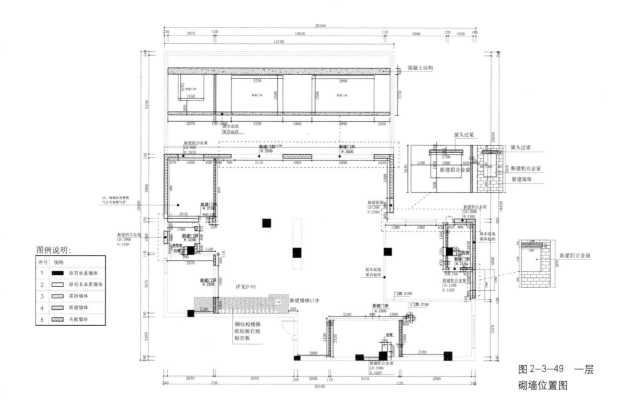

图 2-3-49 一层砌墙位置图

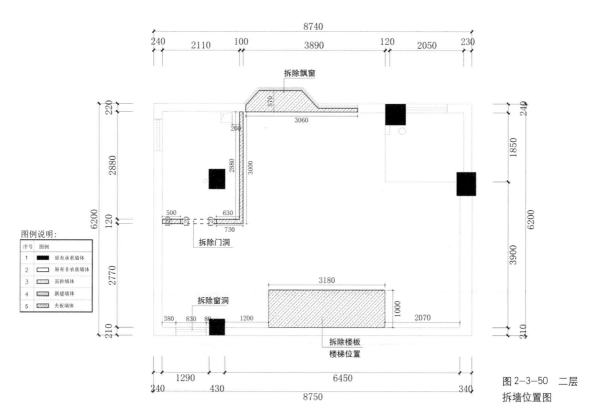

图 2-3-50 二层拆墙位置图

模块二 居住空间设计实践篇

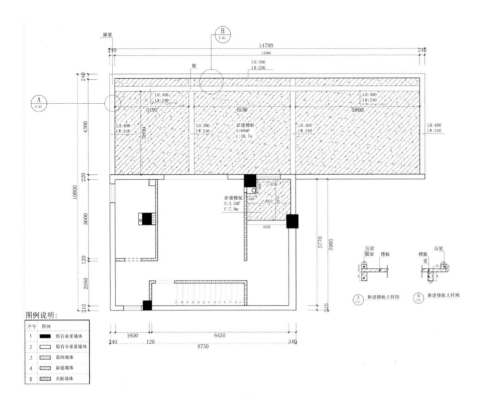

图 2-3-51 二层砌墙、隔层位置图

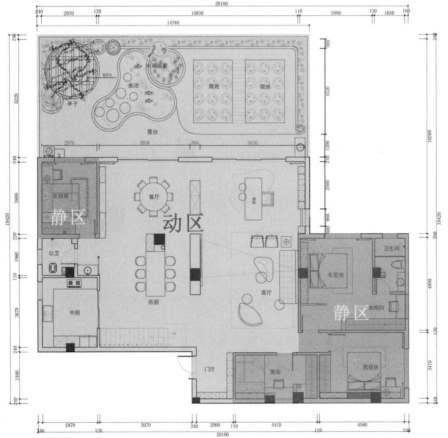

图 2-3-52 一层功能分区图

图 2-3-53 一层平面布置图

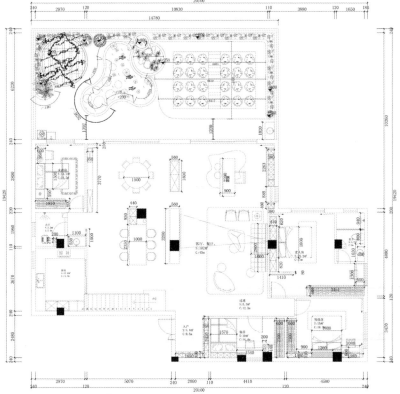

图 2-3-54 一层家具尺寸图

模块二 居住空间设计实践篇

● 二层布局规划。二层属于主人私密区域。根据主人生活实际需求，规划有书房、瑜伽室、化妆间、衣帽间和卫生间等，在各功能区组合上也力求动静分区（图2-3-55～图2-3-57）。

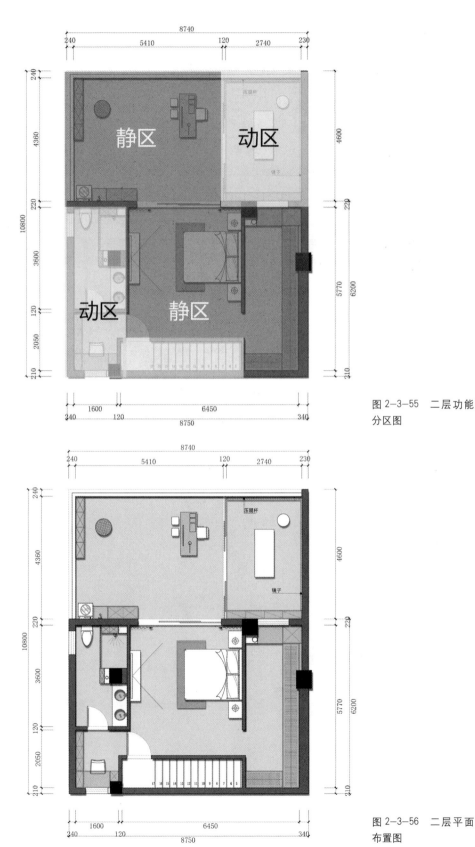

图2-3-55 二层功能分区图

图2-3-56 二层平面布置图

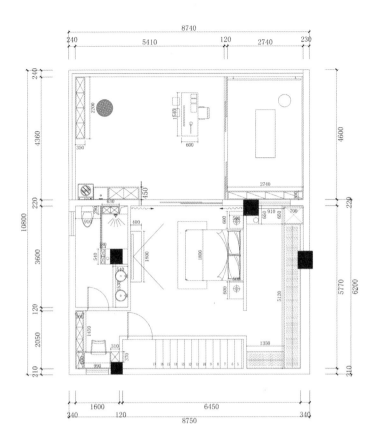

图 2-3-57 二层家具尺寸图

(三)空间设计

1. 设计意向

通过前阶段的调查、收集、分析相关资料信息之后。根据业主的特点,与其分享设计师的优秀设计案例(图 2-3-58),探讨业主期望的装饰设计效果,明确住宅设计风格定位。

2. 设计定位

以极简主义为基调,融合欧式经典元素,追求高雅而不奢华的生活品质。将优雅渗透到空间的每一处细节,创造出一种既现代又经典的生活空间。体现

图 2-3-58 设计意向图

模块二 居住空间设计实践篇 135

业主对高品质生活的追求，让其尽享优雅与舒适。

1）客厅：悬浮式背景墙，成为大厅区域的焦点，营造出空灵、隐约的氛围，使空间显得更加通透明亮，宽敞舒适。材料的选择上，采用岩板大理石与肤感膜奶油木饰面相结合，整体色调柔和细腻，彰显出高雅韵味。

客厅融入雅致的茶空间，静享茶香时刻，为生活注入宁静与品位。

餐厅中西餐合并，有西餐区、中餐区，满足大家庭聚餐个性需求。

天花横梁采用弧形设计，巧妙地解决了高度落差问题，使空间呈现出更加分明的层次感。

2）楼梯：悬浮式网红楼梯，搭配透明玻璃扶手，不仅能增加空间的视觉通透感，还能为客厅注入现代时尚的元素。这种设计兼具功能性和装饰性，实现了楼梯与空间的完美融合。

3）主卧：做套房设计，超大衣帽间、独立化妆间、独立卫生间、阳光房还有女主人喜欢的瑜伽房，还有阳光房花园露台。美景尽收眼底。

4）长辈房：带卫生间功能。

5）孩子房：兼有休息、学习功能。

3. 效果表现

空间界面设计立足于大方、简约的原则，遵循对称与均衡等形式美法则，塑造住宅各空间的平面、地面、顶面及立面等建筑界面造型。空间分隔主要通过吊顶和家具实现，避免过多立面隔断。为缓解空间界面方直造型带来的冷峻感，整体色彩系统以暖调为主，并辅以相近色。住宅的顶部、墙面、门窗、地板等部位，主要采用米黄色，辅以咖啡色、金色、褐色等，营造出愉悦、轻松、温馨的居住环境（图2-3-59、图2-3-60）。

图2-3-59 客厅（电视背景）设计效果

图2-3-60 客厅（沙发背景）设计效果

依据业主的期望,本方案巧妙地将自然石材、现代抽象艺术气息的玻璃屏风、精致家具以及时尚灯具等元素搭配,成功打造出一个简约时尚又充满典雅的独特空间氛围(图2-3-61~图2-3-72)。

图 2-3-61 餐厅设计效果

图 2-3-62 餐厅与客厅隔断设计效果

图 2-3-63 楼梯间设计效果

图 2-3-64 主卧设计效果

图 2-3-65 主卧卫生间设计效果

图 2-3-66 主卧衣帽间设计效果

图 2-3-67 阳光书房设计效果

图 2-3-68 老人房设计效果

图 2-3-69 老人房卫生间设计效果

图 2-3-70 女孩房设计效果

模块二 居住空间设计实践篇 139

图 2-3-71 男孩房设计效果

图 2-3-72 客卧设计效果

4. 照明设计

根据各个功能区的空间性质和使用要求,以黄色、白色两种光源为主,并采用整体照明、局部照明、装饰照明等方式设计居住空间光照效果(图 2-3-73 ~ 图 2-3-76)。

1)公共区域照明:以高明度的吊灯为主光源,营造清爽明晰的视觉效果;以顶面灯、筒灯、射灯、台灯、落地灯等为辅助光进行局部照明,增强空间氛围的层次感。

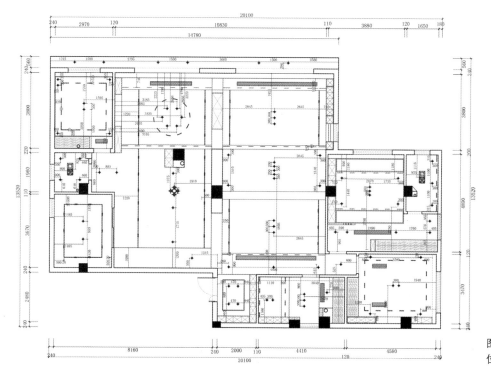

图 2-3-73 一层灯位设计图

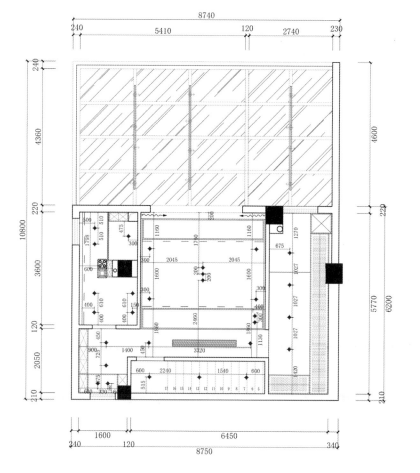

图 2-3-74 二层灯位设计图

模块二 居住空间设计实践篇

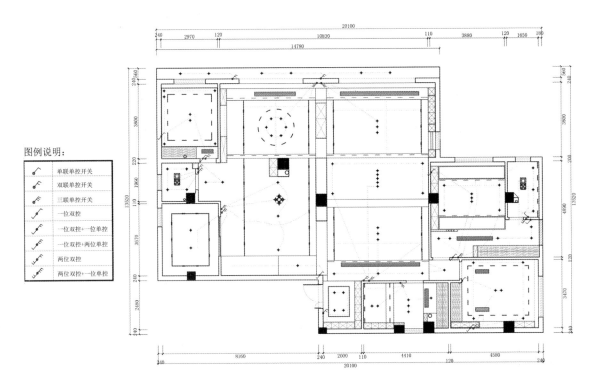

图 2-3-75 一层灯具电控图

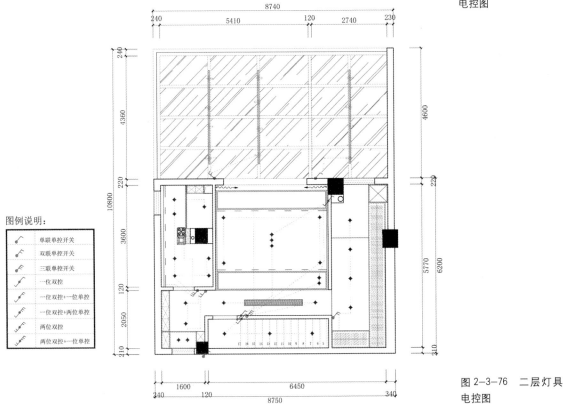

图 2-3-76 二层灯具电控图

2）家务区域照明：采用吊顶集成的高明度的光源，并在墙面、橱柜等地方设置辅助光源。

3）私密区域照明：控制该区域的整体照明度较低，并通过台灯、筒灯等光源进行局部重点照明，增强空间私密感。

4）休闲区域照明：整体照明度较低。顶面灯带和吊灯控制该区域照明效果，并对墙体做非均匀照明，营造轻松的空间氛围。

5）楼梯过道：采用高照明度的宽光束的灯做整体照明，窄光束灯等做局部重点照明。

❖ 本项目小结

本项目详述了大户型的定义及常见户型类型、空间规划布局的基本原则、空间界面设计形式、空间色彩搭配技巧以及空间照明系统设计等知识点。并通过分析知名设计师的设计案例以及学生承担的企业设计项目，深入探讨大户型空间设计的流程与策略，旨在帮助学生熟练掌握大户型空间的设计方法。

❖ 推荐阅读资料

1．周燕珉．住宅精细化设计Ⅱ[M]．北京：中国建筑工业出版社，2019．

2．顾浩，蔡明．室内设计黄金法则[M]．北京：中国电力出版社，2022．

3．理想·宅．室内设计数据手册：空间与尺度[M]．北京：化学工业出版社，2019．

4．祝彬，樊丁．色彩搭配室内设计师必备宝典[M]．北京：化学工业出版社，2021．

❖ 学习思考

1．名称解释

复式住宅　　跃层住宅　　错层住宅　　平层住宅

2．填空题

(1) 大户型住宅的建筑面积一般在_____～_____ m^2 区间。

(2) 不同灯光色温值产生不同色彩，3000K 左右属于_____光，4000K 左右的是_____光，6000K 左右的是_____光。

(3) 客厅的灯光色温选择_____～_____K，卧室的灯光色温选择_____～_____K，厨房的灯光色温选择_____～_____K，餐厅的灯光色温选择_____～_____K。

(4) 在空间布局规划中，一定要精心设计好_____、_____和_____这三组动线，确保居住空间的功能分区做到_____、_____。

3．简答题

(1) 简述大户型空间布局规划和空间设计特点。

(2) 简述现代雅致风格的色彩搭配方法。

(3) 简述居住空间"有主灯式"和"无主灯式"照明系统各自优缺点。
(4) 研读本章"经典案例赏析""案例实践"的内容，分析现代雅致风格在大户型空间中设计策略。

项目四　别墅空间设计

❖ 教学目标

通过本项目的学习，深入理解别墅空间的构造与形态，并能根据业主的需求进行个性化的空间重组和意境表达。掌握庭院景观设计的技巧，能结合智能家居技术，为业主打造高品质的居住环境。经过不断的实践和锻炼，将具备应对别墅空间设计任务的综合能力，并逐渐能够独立完成更大规模的设计工作。

❖ 教学要求

知识要点	能力与素养要求	权重	自测分数
别墅的定义、常见户型结构及布局特点	了解别墅空间的特点，能根据别墅户型类型辨识出户型空间的优缺点，具有较强空间思维	10%	
别墅空间组织、空间意境营造的策略	掌握别墅空间设计方法，能根据业主需求，对空间布局改造和空间意境营造提出独特的见解，具有较高的艺术设计修养	30%	
别墅庭院设计：庭院功能分区、庭院景观构成元素、庭院风格类型等	掌握别墅庭院类型及设计方法，根据别墅风格设计相应庭院景观。熟悉别墅空间设计，具备高美学修养和较强表达力	30%	
现代智能家居物联技术：温度和湿度控制技术、空间质量检测技术、照明控制技术等	熟悉现代智能家居技术，能实现空间设计拓展性。关注智能技术发展、节能环保，具有社会责任感和职业道德	30%	

❖ 经典案例赏析

本案例是广西某公司承接南宁市某别墅设计项目。该项目共有4层，总建筑面积995m²，其中地上三层，地下一层。业主三代同堂，六口之家（父母、男女主人、儿子、女儿），喜欢简欧设计风格。

家是温暖、舒适的港湾，它要充分体现主人喜好和品位，理所当然要力求完美，这样享受生活乐趣的同时，又能感受生活的精致。

营造出一种高雅、自然、尊贵的空间氛围，是本案例设计的核心理念。

设计师借鉴我国传统木构架之精髓，构建室内藻井、屏风、隔扇等装饰，运用对称的空间布局手法，色彩运用简练且大胆，红、黄、蓝、白相得益彰，营造出雅致而温馨的空间氛围。

第一层属于家庭公共活动区域,建筑面积293m²。室外设有庭院、游泳池、地面车位,供家人享受庭院园林景观;室内设有客厅、中西餐厅、厨房、保姆房、客房(图2-4-1、图2-4-2)。

二维码2-4-1 本案例设计资源下载

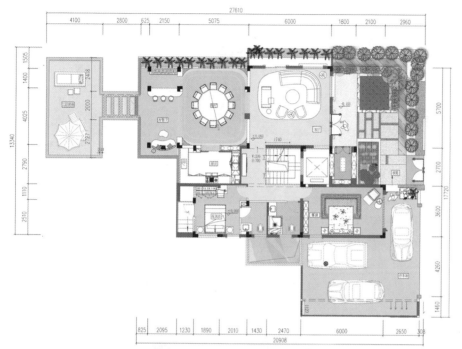

图2-4-1 一层平面布置图

图2-4-2 庭院效果图

客厅过道的门呈现优雅的圆弧状,高窗为拱形,吊顶设计则为藻井式。餐厅部分采用对称镂空借景处理,地面则镶嵌瓷砖拼花。装饰包括半包围式的白、蓝、橘黄三色沙发,流畅线条的地毯,灵动造型的茶几以及圆形吊顶等。这些元素在视觉上减轻了6m高大厅的高耸与冷峻,使空间顿时变得柔和、温馨,同时保持优雅与高贵。空间的精致之处体现在诸多细节之中,设计师的匠心营造处处彰显,如复杂立体的拱门,生动精致的雕花墙面,以及每件家具所散发的优雅气质,均展现了主人高贵品位和对生活的热情与追求(图2-4-3、图2-4-4)。

餐厅家具的搭配,彰显了对经典工艺的执着追求以及造型表现的完美呈现,充分展现了欧式风格所特有的严谨特质和古典至上的华丽风貌(图2-4-5、图2-4-6)。

图 2-4-3 客厅空间效果图(一)(左)

图 2-4-4 客厅空间效果图(二)(右)

图 2-4-5 餐厅空间效果图(一)

图 2-4-6 餐厅空间效果图(二)

第二层建筑面积为119m²，分别设有老人房、子女房。每个卧室均配备独立卫生间和休息阳台。在二层卧室设计中，注重打造简洁且不繁琐的独特气质，强调各空间的私密性和独立性。家具及几何线条元素的应用，不再局限于表面的奢华，而是通过精心设计和考量，为业主提供一个全新的休憩场所（图2-4-7、图2-4-8）。

第三层是主人独享空间，建筑面积145m²，设有独立休息区、衣帽间、瑜伽室、卫生间和休闲阳台等功能区（图2-4-9）。

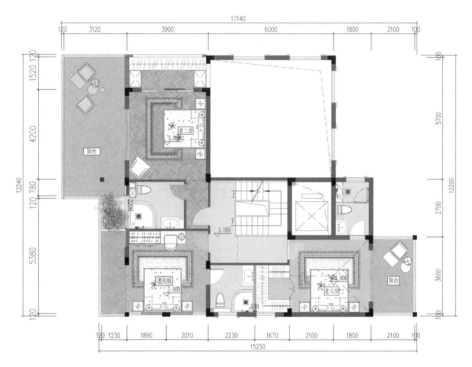

图2-4-7 二层平面布置图

图2-4-8 二层次卧空间效果图

模块二 居住空间设计实践篇 147

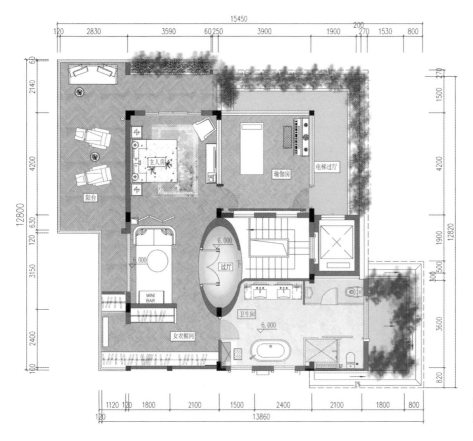

图 2-4-9 三层平面布置图

三层吊顶设计充分考虑建筑屋顶结构特点,采用拱形吊顶工艺,墙面造型凹凸有致,简约化处理,木地板采用鱼骨式铺设,有序且富有活力。空间色彩以乳黄色中性色调为主,搭配高纯度高明度的冷色调,整个空间焕发活力(图 2-4-10)。

图 2-4-10 主卧室空间效果图

主卧卫生间运用新装饰主义手法，巧妙结合不同材质，凸显强烈的视觉冲击力。在展现热情奔放的同时，融入雅致元素，为室内环境营造空灵流转的氛围。瑜伽室采用落地玻璃隔断，实现室内外无缝衔接，使四季花海美景如春般融入室内（图2-4-11、图2-4-12）。

图2-4-11 主卧卫生间效果

图2-4-12 女主人瑜伽室

地下一层建筑面积 396m²，设有健身房、家庭影院、休闲室、品酒区、茶室，以及水系景观等功能区（图 2-4-13）。

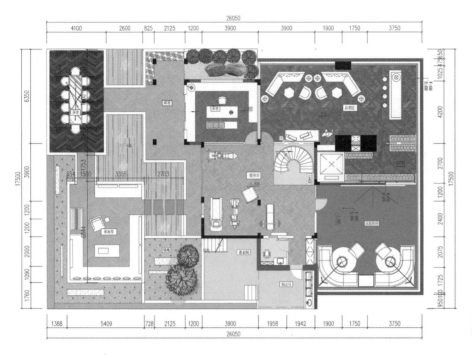

图 2-4-13 地下一层平面布置图

家庭影院的设计独具匠心，优雅的灰色地板、热情的红色墙壁以及梦幻般的星空天花板，共同营造出一种轻松、梦幻且静谧的空间氛围。暖红色的灯带增添了雅致感，而现代白色的落地灯则赋予室内平和的氛围（图 2-4-14）。

图 2-4-14 家庭影院空间效果图

茶室的设计以白色为主调，简约且和谐，营造出一种谦和的氛围，宁静而舒适。空间宽敞，阳光充足，与此同时，室外的喧嚣在踏入室内之际便得以消解（图 2-4-15）。

图 2-4-15 茶室空间效果图

楼顶天台配置了烧烤区与闲谈区,旨在为家庭团聚、友人聚会以及企业高管团队建设等活动提供场所(图 2-4-16)。

图 2-4-16 楼顶天台效果图

一、别墅概述

(一)别墅的概念

在《民用建筑设计术语标准》GB/T 50504—2009 里,别墅被描述为"一般指带有私家花园的低层独立式住宅",即独门独户的独栋住宅。历史传记中也有关于别墅一词的描述,《晋书·谢安传》中有"谢安围棋赌墅"的记载,司马迁《史记·李斯列传》中有"治离宫别馆,周遍天下"的描述。当今,人们普遍认为别墅就是独立的园林式居住所,住宅面积大,可是单层或多层的独户住宅,属于享受型住宅。

现代常见别墅主要有以下几种类型（图 2—4—17 ~ 图 2—4—20）：

1）独栋别墅：拥有独立的庭院和建筑单体，私密性强，市场价格高。

2）双拼别墅：由两个单元的别墅空间并联组成的单栋建筑体，隔墙并居的形式。

3）联排别墅：三个或三个以上的单元住宅组成，左右共用墙体，上有平台下有庭院。

4）叠拼别墅：一栋建筑有两套别墅住宅上下叠合，楼层通常为 4 ~ 5 层。下单元住户拥有小花园，上单元住户拥有楼面露台。

5）空中别墅：一般位于城市中心地段的高层建筑顶端，其具备大型复式住宅和跃层住宅的特征，空中别墅具备较优越的城市地理位置，视野开阔。

相对普通住宅建筑，现代别墅建筑主要有以下几个特点：

1）层数少，上下联系方便，通过楼梯（电梯）垂直的交通联系上下空间（图 2—4—21）。

2）建筑紧凑且具备完善的功能布局，功能分区很明确。多数别墅建筑有庭院，融合自然景观（图 2—4—22）。

3）建筑结构简单，对地基基础的要求不高，建造成本不高，工期短。

4）别墅建筑体量小，建筑布置灵活，因地制宜进行建造。

（二）别墅建筑风格类型

在国内常见的别墅建筑风格主要有以下几种类型：

图 2—4—17 独栋别墅（上左）
图 2—4—18 双拼别墅（上右）
图 2—4—19 联排别墅（下左）
图 2—4—20 叠拼别墅（下右）

图 2-4-21 垂直的交通联系上下

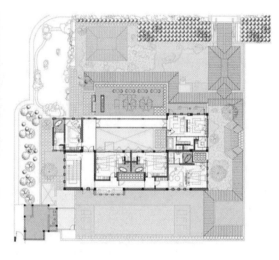

图 2-4-22 带院落布局的庭院别墅空间

1)中式别墅风格。遵循"天人合一"传统文化哲学思想,与中国传统建筑一脉相承,讲究形式对称之美,建筑结构较为复杂,多为灰色坡屋顶、筒子瓦,采用一定高度的院墙围合方式,就地取材且地域色彩浓厚。庭院采取亭、台、楼、阁等园林的样式和景观营造手法(图 2-4-23)。

2)现代别墅风格。建筑外立面简洁流畅,立面立体层次丰富,采用波浪、架廊式挑板或装饰线、面、块等异形屋面,外飘窗台、外挑阳台或内置阳台,外形材质对比强烈,色彩明快跳跃(图 2-4-24)。

3)地中海别墅风格。地中海沿岸国家居住建筑样式,融合了欧式古典风格和伊斯兰风格等多种风格特点,其建筑特色体现为多采用拱门与半拱门、马蹄状的门窗,外立面墙简洁,建筑材料粗朴而富有质感;采用数个连接或以垂直交接的方式连通众多的圆形拱门、回廊和景观平台(图 2-4-25)。

4)美式别墅风格。美国属于多民族移民国家,其别墅建筑风格属于混合形式,外观简洁大方,融合多种风格于一体,建筑体量普遍较大,多为木质结构,斜屋顶(图 2-4-26)。

图 2-4-23 长泰建发·山外山别墅

图 2-4-24 赖特设计的流水别墅

图 2-4-25 地中海别墅风格

图 2-4-26 美式别墅风格

5）欧式别墅风格。欧式别墅风格是一个统称，其建筑常有罗马柱，墙面和顶面有交界线，墙面上中部有装饰腰线，拱形或尖肋拱顶，门窗多拱及拱券。喷泉、罗马柱、雕塑、尖塔、八角房这些都是欧式建筑的典型标志（图 2-4-27）。

图 2-4-27 欧式别墅风格

二、别墅空间设计

（一）别墅空间布局规划

1. 精心规划整体布局，提升空间功能布局的科学性

别墅作为高端住宅，通常楼层多为 3～4 层，其中地下 1 层，地上 2～3

层。这种设计提供了宽敞的使用空间，能够满足多种生活功能需求。别墅的空间组织非常合理，主要包括居住空间、辅助空间和交通空间三大部分。这种分区明确的设计确保了动静分离，增强了居住的私密性。

1）居住空间：住宅内部的重要生活区域，包括起居室、餐厅、卧室、会客厅和书房等，满足居民日常生活和休息的需求。

2）辅助空间：住宅内提供额外功能的区域，如厨房、卫生间、车库和杂物间等，为居民提供便利和舒适的生活环境。

3）交通空间：作为居住空间和辅助空间的连接和过渡区域，主要包括门厅、过厅、走廊、阶梯空间和阳台等，根据别墅的大小不同，交通空间的尺寸规范也不同，确保住宅内部的流畅通行。

以常见的四层别墅为例，别墅空间布局通常按以下方法划分：

1）一层功能布局：规划有客厅、餐厅、客卫、客卧、休闲区等公共空间。

2）二层功能布局：设计父母房、儿童房、卫浴间等。

3）三层功能布局：作为主人使用，规划有卧室、衣帽间、书房、休闲空间、卫生间，以及露台等大套间，舒适度最高。

4）地下一层功能布局：规划储藏室、保姆间、家庭影院、休闲室、健身房和车库功能。

5）别墅庭院、楼顶露台，可根据户主的喜好设计功能。

2．增强空间通透性，提高空间居住的舒适性

在各类别墅中，独栋别墅与双拼别墅的空间具有天然的高通透性，宽敞无比。然而，最常见的联排别墅受到建筑结构的限制，其空间通透性往往不尽如人意。为改善这一状况，设计师通常采取"减少空间隔断，或隔而不断"的设计策略，以提升空间的通透性。

在客厅、餐厅、厨房之间尽可能减少隔断，可采取LDK一体化设计，即客厅（Living Room）、餐厅（Dining Room）和厨房（Kitchen）一体式贯穿设计，扩大空间，增强采光和通风，缩短动线距离，增加互动，不仅能够实现空间的最大化利用，更是兼备居住功能和美观体验（图2-4-28）。

图2-4-28 LDK一体化设计

3. 缩短动线，提升居住体验

别墅以其宽敞的空间和多楼层而著称。别墅设计需注重居住便利性，精心规划居住动线，缩减活动范围，以提升居住品质。具体措施如下：

1）每层均配备卫生间和水吧区，以缓解不同楼层之间需频繁上下的问题。

2）在同一空间内，设计多个门洞，避免绕行和行动不便。

3）充分挖掘别墅的垂直空间潜力，除了设置楼梯外，还可考虑安装电梯，提升上下楼层的便捷性。

（二）别墅空间高颜值设计

1. 选择合适的空间设计风格

别墅作为高端住宅，彰显居住者对高品质生活的追求，同时也是主人身份地位的象征。在对其进行精心设计之前，首先需选择适宜的空间设计风格，这是关键一步。鉴于别墅室内空间较大、楼层较高，容易给人带来单调、寂静的感受，因此需通过空间界面的造型、色彩搭配、材质等手段来丰富空间的层次变化，缓解空寂感，提升空间的美观度和居住舒适度。在别墅空间设计中，通常采用新中式、现代雅致、现代简约、美式和法式等适合大空间设计的风格（图 2-4-29）。

应当谨慎选用被誉为"冷静"和"清新"的北欧简约风格以及 Instagram 风格。北欧简约风格以明亮的浅色系为主，强调空间简约，要求墙面、地面和顶面无任何花纹和图案砖石的装饰，家具则注重简约造型和自然材质。Instagram 风格则源于知名移动应用软件，其色调饱和度较低，整体风格冷淡或干净清新，同样以北欧简约为基础。然而，这两种风格并不适宜在大空间内应用（图 2-4-30）。

2. 注重灯光设计，赋予空间设计灵魂

灯光设计在空间设计中具有举足轻重的地位，它不仅为空间赋予独特的

图 2-4-29 空间层次丰富的现代时尚，能够凸显空间品质

图 2-4-30 过于清新的北欧简约风格,让大空间更冷寂,缺乏亲近感和温度感

个性,还能注入源源不断的活力。在别墅空间中,灯光设计需充分考虑不同区域的功能、布局特点,以及居住者的生活习惯和审美喜好,强调营造光影效果和层次感。通常采用"主照明+线性照明+局部照明"的组合设计策略,构建完善的灯光体系,以实现卓越的视觉效果(图 2-4-31)。

图 2-4-31 采用"主照明+线性照明+局部照明"布光策略,塑造空间质感

(三)别墅空间陈设设计

英国设计史学家乔治·赛维奇曾指出:"室内陈设是建筑内部固定的表面装饰和可以移动的设施所创造的整体效果。"陈设设计,也称软装设计,为空间设计中的关键环节。陈设设计风格独特且多样,主要依据空间设计风格,通过对空间内家具、饰品等元素的挑选与组合,实现对空间主题的凸显与装点。其在塑造空间形象、营造空间氛围方面具有画龙点睛之效。

1. 家具与陈设品类别

(1) 家具类型

家具在居住空间的角色已从单一的使用功能,转变为对室内环境空间进行重新划分与组织,凸显室内环境整体风格特征的核心主导地位。因此,在别墅空间设计中,家具占据了至关重要的地位。根据别墅不同的使用空间,家具可划分为玄关家具、客厅家具、餐厅家具、卧室家具、书房家具以及阳台家具等(表2-4-1)。

家具类型表　　　　　　　　　　　　　　　　　　表2-4-1

空间区域	家具类型	功能要求
玄关	桌类、几案类、台类、收纳柜体、坐凳	要能体现主人气质,兼有形象展示和收纳功能
客厅	沙发组合、电视柜、装饰柜、厅柜、几案、杂志架、博古架、斗柜	满足居家使用需求,对空间起到画龙点睛的作用,要考虑到其体量、颜色、材质、触感、艺术效果
餐厅	餐桌椅、餐边柜、酒柜、壁炉、几案、茶水柜、屏风、博古架	家具的搭配要考虑用餐环境的营造,不同风格的餐饮文化,在餐厅的家具搭配上也不一样
卧室	床、床头柜、梳妆台、衣柜、躺椅、沙发、落地灯、电视柜、茶几、沙发组合、书柜、办公桌椅	卧室选用要着重考虑使用者年龄、家具材质、寝具触感、色彩配置等,在空间较大的套房,还要考虑其他家具,满足空间多样需求
书房	桌椅、书柜、报刊架、落地灯、几案、躺椅、电视柜、茶几、茶台	要注重空间功能的完整性,兼顾会友等其他功能
健身房	休息躺椅、基础凳椅、体育器材	根据业主实际需求选定,较大的健身房还配备桑拿室等放松的功能空间
厨房	灶台、餐台、备餐台、烤箱架	要考虑家具的耐久性、完备性、功能性
厕卫	几案、储柜、浴椅	要考虑家具的便捷性、耐久性等
阳台及户外	休闲桌椅、遮阳伞、躺椅、烧烤炉、花架	更注重于其耐用性,考虑与室内风格的统一性,注重风格的完整性

(2) 陈设品类别

1) 功能性陈设品:指具有一定实用价值又有一定的观赏性和装饰作用的陈设品。如家具、灯具、丝织品、电器、书籍杂志、生活器皿、体育用品、化妆品、烟灰缸、时钟等。它们最大的价值应首先体现在实用性方面。

2) 装饰性陈设品:指本身没有太大的实用功能而纯粹作为观赏的陈设品,它们具有极强的精神功能,可增添空间的情趣,陶冶人的情操。如艺术品、工艺品、纪念品、收藏品、花艺、观赏性的动植物等。

2. 陈设设计要点

(1) 陈设品要符合空间设计风格

根据空间设计风格,确定陈设设计风格。对于陈设品的选择,也要注意它们本身的造型、色彩、图案以及质感等能够保持在同一风格中。例如,现代简约风格的空间应以时尚、个性和设计感强的陈设品为主;中式风格的空间则应以民族风格和地方特色的陈设品为主。因此，应依照相同的格调布置空间，才能营造出和谐、温馨的居住环境。

（2）陈设品要符合空间各功能区需求

要根据每个空间的功能需求选择与之相适应的陈设品，才能营造出符合各个住宅功能区的个性特征。例如，客厅是家庭的中心，不仅是家人休息、娱乐的场所，还是家庭亲友聚会和会客的主要场所。因此，客厅的陈设品设计应该体现家庭的个性和趣味，给来客营造轻松愉快的氛围，同时又能展现主人的品位。书房的陈设品选择应庄重并具有文化韵味，例如字画、书籍、工艺品等。在布置时要注意书籍、字画等工艺品的有序组合，创造出存书与欣赏相结合的美好场景，使整个书房显得稳定和谐、浑然一体。

（3）合理选用与巧妙布置家具

家具的尺度与室内空间的尺度要形成良好的比例关系。不同尺寸的家居用品会直接影响空间的视觉效果。因此，在选择家居用品时需要考虑其在空间中的体量与家具的尺度关系。选择和搭配的家居用品不应太大或太小，要保持视觉上的均衡。

（4）巧用陈设品烘托室内气氛

一幅画、一件工艺品、一束花、一张织物、一盏灯，它们的不同造型、不同色彩、不同肌理在光线的烘托下可以塑造出欢快喜庆、庄严神圣或清新宁静的空间氛围，给人以视觉和心理上的不同感受，增强空间的层次感，创造出意境。

因此，陈设规划应该注重陈设品的主次关系，是否能够增强室内空间感以及是否与其他室内环境形成空间视觉中心。在摆放陈设品时，需要分清主次关系、大小关系、色彩关系和透视效果等，只有合理的陈设搭配才能形成有序的空间效果（图2-4-32）。

图2-4-32 陈设品强化空间风格

(四)智能家居设计

在当今社会,家居智能化已成为现代居住空间发展的新趋势,同时也是现代居住空间设计中不可或缺的重要环节。通过技术手段,现代家居智能化能够实现温度和湿度、空气质量、照明、窗帘等各个方面的个性化舒适调节,从而极大地提升了人们的生活品质和健康水平。因此,家居智能化在现代居住空间设计中具有重要的作用和价值。

1. 温度和湿度控制技术

室内温度和湿度传感器能够与智能家居控制器进行无缝对接,自动调节与控制家庭环境温度和湿度。一旦检测到室内温度超过预设的安全范围,传感器将立即启动制冷设备或风扇,迅速降低室内温度,以确保室温维持在适宜的范围内,为家庭成员提供一个更加舒适的居住环境。

2. 空气质量检测技术

智能检测仪可以通过测定氧气含量、二氧化碳浓度、甲醛和苯等有机物的含量,来确定室内空气质量。检测到污染或缺氧时,智能家居控制器可以开启空气清新设备自动清洁空气,提高室内空气质量。

3. 室内照明控制技术

智能家居控制器可以控制各种室内照明,包括实现 LED 照明白天和夜晚自动开关等多种功能,提高居住者的舒适感和能源利用率。此外,照明色温的选择也可以影响人的情绪和生理节律。

4. 智能窗帘技术

窗帘的开合可以根据光线强度和室内温度进行自动控制,从而保护家具和地板,避免阳光照射;也可以从节能、隐私等角度,提供方便。

(五)别墅庭院设计

别墅庭院景观作为外部环境的主要场所,既是业主家庭珍贵的户外活动空间,又是别墅空间与外部公共空间连接的过渡空间,因此在别墅庭院设计中应该充分协调好别墅建筑与庭院景观的关系。

1. 别墅庭院功能分区

别墅庭院由于其特性,相对于面积较大的景观场所来说,其功能区域不能严格地划分。各部分相互渗透,是美化室内空间、改善别墅整体环境的不可分割的组成部分。别墅庭院中最明显的是集散及入口空间,该区域有明显的识别性,是整个别墅住宅的门面。除此之外,别墅庭院根据功能要求还应包括娱乐空间、用餐空间、工作空间、园艺空间等。这些空间和室外集散入口空间形成有机联系,但又形成了从开放到私密的过渡,从而形成了真正的庭院环境,满足人们对庭院空间的需求。

2. 别墅庭院景观构成

别墅庭院的景观空间按照景观要素可以分为以下两种类别:
1)包括植物、水体、道路、景观建筑和景观设施等物质要素。

2）含有文化元素，即景观空间所表现出的意境美。别墅庭院景观是这两者不可分割的统一体，其精神内涵是通过物质要素表现出来的。这样一来，物质要素就因为其具备精神内涵而具有了文化性。古诗中"小桥流水人家"的环境文化意境，传达了一种理想的居住环境模式，并揭示了在环境景观中物质和精神相互依存的必然联系，令人回味无穷。

3．别墅庭院景观特点

（1）庭院景观个性化

别墅庭院的景观在别墅外部环境中是一项重要的组成部分。它所展现的是一种生活态度和生活方式。业主对于自家庭院景观的诉求各不相同，甚至在同一家庭内，每个家庭成员对庭院景观的理解和需求也是不同的。因此，个性化、舒适化、生态化是庭院景观发展的趋势。

（2）庭院景观是室内空间的延伸

庭院作为较为私密的场所，承载着一家人日常生活，同时也是工作之余的休闲娱乐场所，人们可以通过感官获得放松。例如在节假日家庭聚会、欣赏植被的自然美丽、享受温暖的阳光、聆听流水的声音等活动时，从庭院获得舒适感与放松感。庭院空间正好为这些活动提供理想的场所（图2-4-33）。

4．别墅庭院风格类型

（1）中式别墅庭院

中式庭院在营造时，注重将情感融入景色之中，使两者相得益彰。庭院营造的核心是以物比德，即通过庭院中的元素来彰显人的道德和品质。在庭院的设计中，以庭院建筑为骨架，通过修建园林建筑、幽径流水、园林山石、自然花木等要素，特别强调借景、框景、植物、置石掇山、水系、亭台楼榭等处理手法的运用，旨在实现构思新颖、融情于景的效果。通过细腻的创意构图和造景技法，如抑景、添景、夹景、对景、框景、漏景、点景、借景等，巧妙地表现出"虽由人作，宛自天开"的艺术效果（图2-4-34）。

（2）现代别墅庭院

化繁为简，是展现现代别墅庭院文化内涵最直接的方式。在创造庭院的过程中，植物选择、材料选取、空间构造、家具选用和灯光配合等方面都具有极强的创造性。庭院的一草一木、一亭一椅、一砖一石的造型，都应追求

图2-4-33　舒适的庭院景观承载一家人日常生活

抽象、几何、简洁、自然、绿化和智能的特点,以打造出具有时尚感的庭院(图 2-4-35)。

（3）欧式别墅庭院

欧式庭院在园林布局上融合了规则式和风景式,既继承了西方古典园林的传统,又有所创新。其设计理念注重理水手法的运用,将水池与雕像巧妙结合,形成局部中心点,使景物在中轴线两侧保持对称。中轴线作为整个园区的核心,以自然的方式延伸至园区各个角落。同时,利用台地设计,园区内的水景营造出明暗、色彩对比的美感,并借助光影和声响效果,如跌水、喷水、秘密喷泉和惊人喷泉等,为居住者带来丰富的感官体验(图 2-4-36)。

图 2-4-34 诗情画意的中式庭院景观

图 2-4-35 现代别墅庭院景观（上）

图 2-4-36 欧式别墅庭院景观（下）

（4）地中海别墅庭院

地中海别墅庭院通常选用柠檬树、欧洲橄榄树等绿化植物进行种植，营造宜人的自然环境。在庭院铺装方面，通常采用天然石材，如石灰石、花岗石等，既美观又耐久。此外，为了增强庭院的层次感和艺术感，还会在庭院中设置喷泉和水池（图2-4-37）。

图2-4-37 地中海别墅庭院景观

（5）美式庭院

美式庭院风格是由美国先民从欧洲大陆迁移到北美大陆而产生的。他们的天性在北美广阔的天地间获得了最大的自由释放。面对整片荒野，他们感受到原始自然的神秘博大，心灵受到强烈的震撼。自然的纯真、朴实以及充满活力的特性，对他们产生了深远的影响，从而塑造出独具特色的美式庭院景观。这种景观所展现出的自由与奔放的天性，正是美式庭院风格的独特魅力所在（图2-4-38）。

图2-4-38 美式庭院景观

三、案例实践

冯女士府邸设计方案

学生：何武　　项目来源：校企合作项目

（一）项目分析

1）楼盘概况：位于南宁青秀凤翔路，坐落于中心区位。

二维码2-4-2 本实践项目设计效果图

2) 业主概况：三代同堂家庭，共 5 口人，1 个小孩已读小学。
3) 建筑面积：334m²。
4) 风格意向：简欧风格。

二维码 2-4-3　本实践项目设计资源下载

（二）设计准备

1. 客户装修意向调研

为了能够把握业主住宅装修设计需求，可让客户填写一份装修设计意向调查表（表 2-4-2），设计师根据装修设计意向表的数据，进行空间布置，设计装修方案。

客户装修设计意向调查表　　　　　　　　　　　　　　　　　　　　表 2-4-2

基本类别	问卷内容
客户基本情况	1. 姓名：_____；2. 年龄：_____；3. 职业：_____；4. 学历：_____； 5. 家庭成员（同住）情况： (1) 父母年龄：父____、母____；(2) 夫、妻年龄：丈夫____、妻子____； (3) 子女年龄：子____、女____；(4) 保姆年龄：_____；(5) 其他：____
玄关（门厅）	1. 是否有考虑安排：设置鞋柜□、衣柜□、镜子□（整装） 2. 是否介意入门能够直观全室？（介意□、无所谓□） 3. 玄关的设计是否要考虑其文化属性或氛围？（适当兼顾□、重点考虑□、无所谓□） 4. 对玄关有无其他特别要求？（灯光、色彩等）
客厅	1. 客厅的主要功能：家人休息□、看电视□、听音乐□、其他_____ 2. 接待客人（偶尔□、经常□、基本不接待□），接待人数约为_____人 3. 是否与餐厅合为一体？（是□、否□） 4. 客人来家中聚会内容？（聊天□、Party□、亲友聚餐□） 5. 客厅内的视听设施有哪些？规格？尺寸？ 6. 音像设备有多少？需要背景音响？（是□、否□）是否需要特别的设施？（是□、否□） 7. 对客厅有无特殊的灯光设计要求？（主灯、电视背景射灯、沙发背景射灯、地灯□、冷色光源□、暖色光源□、彩色光源□、主灯分置□、主灯调亮装置□、其他□） 8. 客厅的基本色调：偏暖色系□、偏冷色系□ 9. 客厅地面的意向是：实木地板□、复合地板□、玻化砖□、仿古砖□、普通防滑砖□、环氧水泥地面□、有部分地台□、其他特别要求_____ 10. 是否有其他使用功能要求
餐厅	1. 餐厅使用人数及频率？（早餐□、中餐□、晚餐□）餐桌、椅如何配置？（1×2□、1×4□、1×6□、1×8□） 2. 是否需要以下配置？（餐柜□、酒柜□、陈列柜□）有、无藏酒？ 3. 餐厅是否是家人（朋友）聚会（交流）的主要场所？（是□、否□） 4. 是否需要在餐厅看电视？（是□、否□）是否进行棋牌等娱乐活动？（是□、否□） 5. 对餐厅的色彩有无特别要求？（全部暖色□、全部素色□、全部冷色□、局部彩色□） 6. 对灯光的要求？（一盏主灯、两盏主灯、三盏主灯、需要射灯、不需要射灯□） 7. 家庭烹饪的特点

模块二　居住空间设计实践篇

续表

基本类别	问卷内容
厨房	1. 有何电气设备？（电冰箱□、微波炉□、烤箱□、燃气灶□、抽油烟机□、电磁炉□、电烤箱□、热水器□、电饭锅□、消毒柜□、粉碎机□、洗衣机□、其他电器□） 2. 有没有对墙、地材料材质或色彩的特别要求？ 3. 对水、电设备的要求？（凉水□ 热水□） 4. 对橱柜的档次、品质、色彩有何要求？ 5. 照明有何要求
书房	1. 书房的使用？（读书写作□、电脑操作□、会客品茶□、兼客房□、其他_____） 2. 书房使用以（何人）为主？平时有（几人）同时使用书房？ 3. 存书数量、种类？（藏书类□、大开本工具书画册□、杂志类□、数量大□、数量少□） 4. 习惯以何种姿势看书？（坐□、躺卧□）
主卧室	1. 对卧具的选择？（购买、制作、品种、颜色） 2. 床的要求？（1.8m×2m□、2m×2m□、2.2m×2m□、其他_____） 3. 床的类型？（木制□、金属铁艺□、皮革□、布艺□、中式□、古典欧式□、简约□） 4. 储存柜数量的要求？（鞋、箱包等） 5. 是否需要梳妆台？（是□、否□）化妆的要求、习惯？ 6. 对灯光的要求？（无主灯□、主灯□、墙灯□、床头灯□、落地灯□、地灯□、背景灯光□、可调光源□、设床头开关□） 7. 卧室整体色彩搭配？（冷色系□、暖色系□、素色□、局部艳色□） 8. 墙、地面材料？（乳胶漆□、壁纸□、实木地板□、复合地板□、地砖□、整体地毯□） 9. 是否需要视听设备、宽带
子女房（老人房及客房）	1. 房间的使用功能要求？（居住情况：临时客房□、老人□、保姆□、子女房□、双人床□、单人床□、双层床□） 2. 家具的配置要求？（制作、购买）（电脑桌□、写字台□、衣柜□、书柜□） 3. 对子女房间的规格考虑时间段（年龄、今后的变更）的要求？（有□、没有□） 4. 对子女房间有无色彩要求？（冷色系□、暖色系□、局部艳色□、素色□） 5. 墙、地面材料？（乳胶漆□、壁纸□、实木地板□、复合地板□、地砖□、整体地毯□） 6. 子女有何兴趣、爱好？（钢琴□，绘画，篮球架，飞镖靶，其他） 7. 有没有旧家具需要保留？其色调、尺寸、数量？ 8. 老人房间的设计是否要考虑老人特殊的身体状况、习惯？ 9. 子女、老人房间有无特别的灯光（起夜灯）、警报、监控等要求？ 10. 请注明子女玩具、书籍的数量
卫生间	1. 洁具的安排？（普通浴缸□、按摩浴缸□、浴帘□、玻璃沐浴屏□、现做台盆□、定做整体台盆□） 2. 灯光的具体要求？ 3. 卫生间的色彩倾向？ 4. 其他要求_____
阳台	1. 是否需要封阳台？（是□、否□）材料？（铝合金□、塑钢□、木质□、其他□） 2. 如何使用、规划？（晒衣□、健身□、休息□、储物□、养植花木□、兼书房□） 3. 阳台顶面材料？（刷漆□、PVC板□、铝扣板□、实木隔栅□、金属隔栅□、桑拿板□、做窗帘盒□、不做窗帘盒□）

2. 户型改造

1）现场勘测建筑及结构，并准确地绘制出原始结构图、原始尺寸图、原始梁位图（图2-4-39～图2-4-44）。

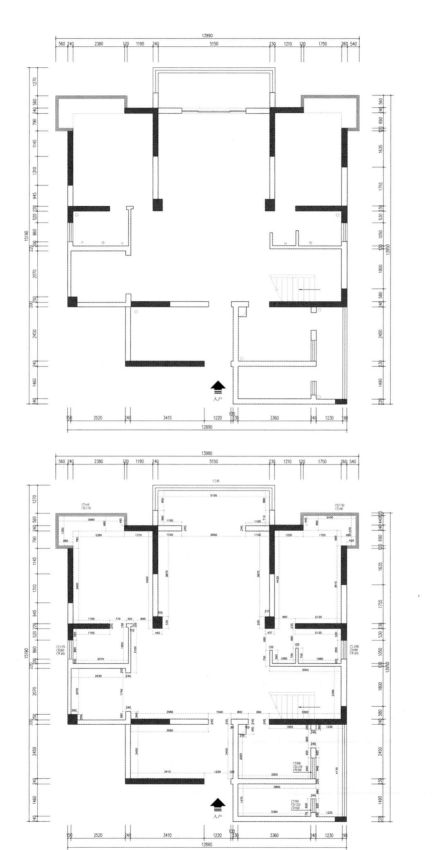

图 2-4-39 一层原始结构图

图 2-4-40 一层原始尺寸图

模块二 居住空间设计实践篇 167

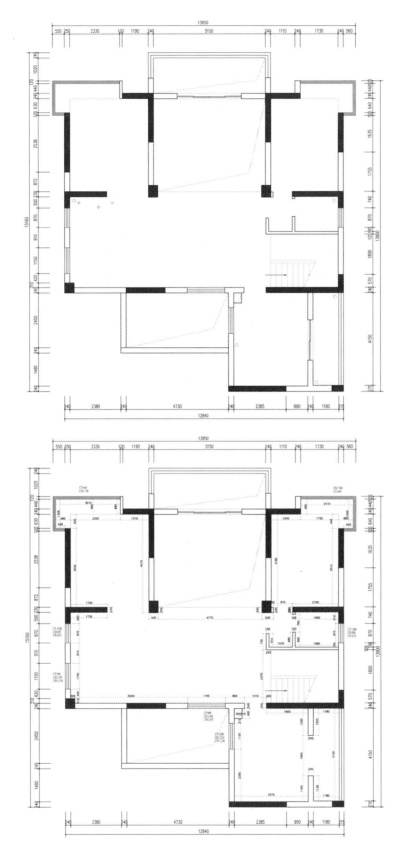

图 2-4-41 二层原始结构图

图 2-4-42 二层原始尺寸图

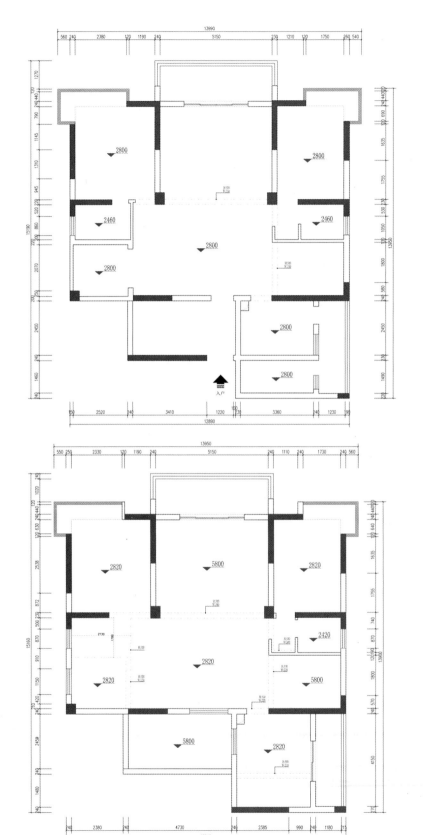

图 2-4-43 一层原始梁位图

图 2-4-44 二层原始梁位图

模块二 居住空间设计实践篇

2)根据业主居住功能需求和现场勘测数据,分析原户型的利弊,并提出合理的户型解决方案(表2-4-3)。

原户型结构存在问题及解决措施　　　　表2-4-3

楼层	存在问题	解决措施
一楼	1. 入户花园空间较大,厅门小,入户门与门厅大门贯通,缺乏缓冲 2. 老人房卫生间面积较小 3. 厨房区域显得局促 4. 公卫的洗手台隔墙无实用意义	1. 将入户花园设置为2个空间：储物间和玄关；将门调整到左边,拆除入厅墙体,设计成艺术屏风 2. 将原杂物间门砌墙封闭,改为卫生间,并巧用墙厚度制作酒柜 3. 将原老人卧室卫生间改为衣帽间 4. 将公卫洗手台的墙体拆除做隔断处理 5. 拆除厨房内两面实墙,增强空间通透性和空间感
二楼	1. 主卧缺独立卫生间和衣帽间 2. 入户花园上空未充分利用 3. 书房空间视野不开阔,通透性差	1. 将休闲区部分实墙隔断,设为主卧卫生间 2. 入户花园上空做隔层,建成衣帽间 3. 拆除书房阳台隔墙,拓展书房空间

3)根据空间规划方案,拆除非承重墙体、砌隔断砖墙,二楼按同样方式处理(图2-4-45～图2-4-48)。

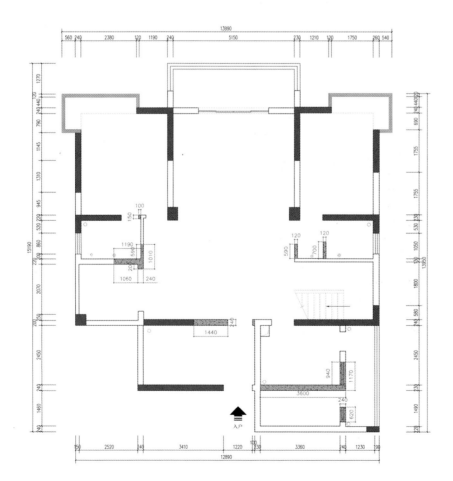

图2-4-45　一层拆墙位置图

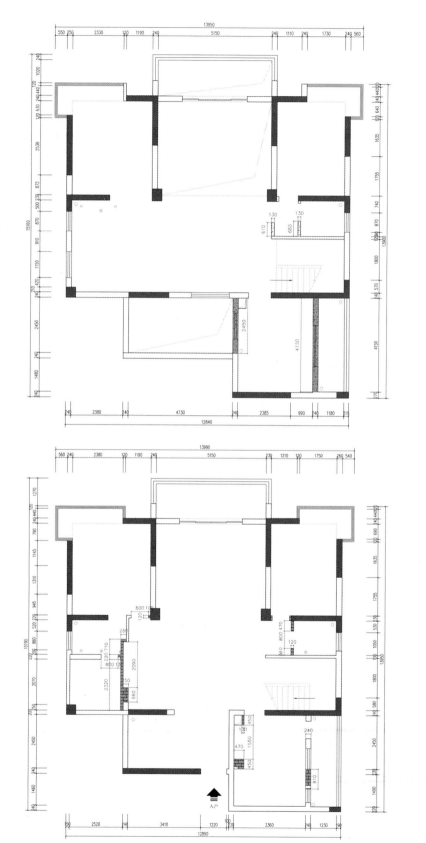

图 2-4-46 二层拆墙位置图

图 2-4-47 一层砌墙位置图

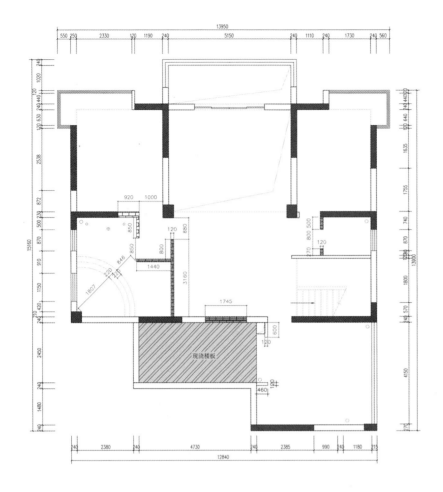

图 2-4-48 二层砌墙、隔层位置图

3. 平面布置图设计

（1）功能布局分析

业主使用空间情况：分析客户家庭成员情况与空间要求特点（表 2-4-4）。

业主家庭成员对空间需求　　　表 2-4-4

家庭成员	基本情况	空间要求
夫妻	年龄：36～40 岁；职业：大学教师；爱好：旅行、音乐、写作、时尚设计	男主人：独立办公、业余学习研究空间；女主人：化妆空间、衣帽间、时尚饰品陈设空间
小孩	年龄：10 岁，小学四年级，属于学习知识阶段	需要个人学习、休息的私密空间
老人	年龄：65～70 岁，行动不便；爱好：读书	采光充分、安静、无障碍的休息空间

（2）住宅功能布局

住宅空间布局需科学划分公共、私密、家务功能区，明确使用功能，确保合理且互不干扰（表 2-4-5、图 2-4-49、图 2-4-50）。

住宅各功能区构成　　　　　　表2-4-5

楼层	公共区	家务区	私密区
一楼	客厅、餐厅、吧台、玄关、储物间、公共卫生间	厨房、生活阳台	老人房（卧室、衣帽间、独立卫生间）、客人房
二楼	休闲区、书房、化妆间、衣帽间	—	主卧、小孩房、卫生间

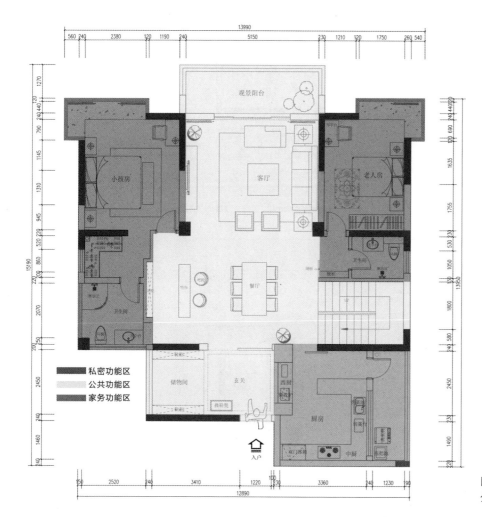

图2-4-49　一层功能分区图

（3）完成平面布置图设计

平面布置图设计需完成以下内容（图2-4-51～图2-4-54）：

1）画出建筑主体结构，标注其开间、进深、门窗洞口等尺寸。
2）画出各功能空间的家具、陈设、隔断、绿化等的形状、位置。
3）标注装饰尺寸，如隔断、固定家具、装饰造型等的定型、定位尺寸。

模块二　居住空间设计实践篇　173

图 2-4-50 二层功能分区图

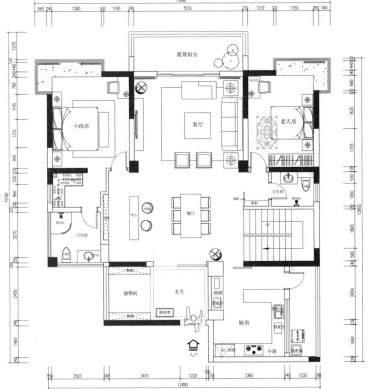

图 2-4-51 一层平面布置图

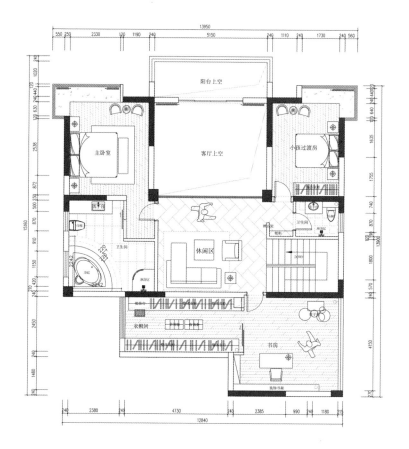

图 2-4-52 二层平面布置图

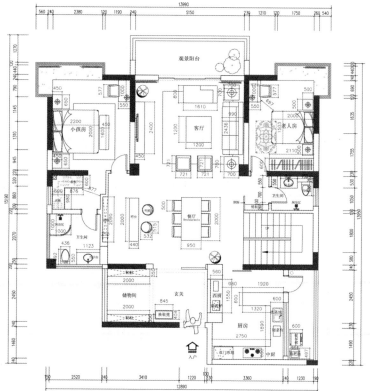

图 2-4-53 一层家具尺寸图

模块二 居住空间设计实践篇

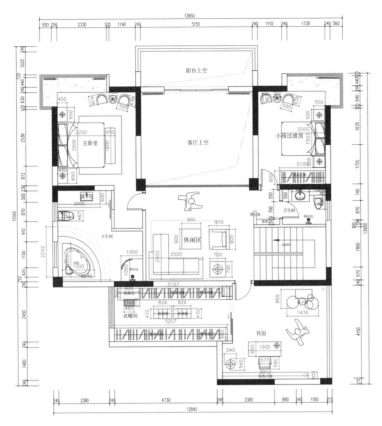

图 2-4-54 二层家具尺寸图

（三）设计表现

1. 设计定位

在前期调查分析住宅户型基础上，向业主分享设计案例（图 2-4-55），充分交流本项目设计风格，了解业主期望，明确风格定位，确保装修过程顺利进行。

图 2-4-55 设计意向图（现代欧式风格）

2. 方案设计

（1）空间设计

可用手绘技法或电脑软件表现技术（3ds max、Sketchup或酷家乐等）设计空间界面的造型、色彩，以及材质等方面。

1) 界面设计：以大方、简约为设计目标，运用对称、均衡等形式美法则设计住宅各空间的地面、顶面、立面等建筑界面造型形态；空间隔断方式主要是运用吊顶、家具将空间区域划分，并未设计过多立面隔断。

2) 色彩搭配：为削弱因空间界面的方直造型带来的冷峻效果，空间的整体色彩系统以暖色系为主色调，其邻近色为辅。在住宅的天花板、墙壁、门窗、地板等地方采用以米黄色为主，咖啡色、金色、褐色等为辅的色彩，营造喜悦、轻松、温馨的居家环境。

3) 陈设设计：在满足业主对空间格调的低调、精致且不失豪华的要求下，设计师采用了新装饰主义风格，精心策划了空间的陈设配饰。设计师巧妙地融合了浑然天成的根雕、斧凿刻痕的石材、寓意祥和的荷花、喜庆娇艳的花卉、抽象艺术的屏风、舒适的布艺以及温馨暖意的灯光等元素，营造出一个既简洁时尚，又散发着雅致气息的独特空间氛围。

最终空间设计效果详见图2-4-56～图2-4-67。

图2-4-56 玄关储物间设计效果

图2-4-57 玄关屏风设计效果

模块二 居住空间设计实践篇 177

图 2-4-58 客厅（电视背景）设计效果（左）

图 2-4-59 客厅（沙发背景）设计效果（右）

图 2-4-60 餐厅设计效果

图 2-4-61 餐厅与客厅隔断设计效果（左）

图 2-4-62 书房设计效果（右）

图 2-4-63 小孩房设计效果（上左）
图 2-4-64 小孩房卫生间设计效果（上右）
图 2-4-65 老人房设计效果（中）
图 2-4-66 主卧设计效果（下左）
图 2-4-67 主卧卫生间设计效果（下右）

(2)空间界面材质选用

遵循着安全、美观、环保等原则,并根据各个空间界面结构特点,选用充分地体现界面造型形态的材料,主要有大理石、木地板、防滑砖、马赛克、软包材料、仿大理石瓷砖、地毯、墙纸等(表2-4-6)。

空间界面的主要材料　　　　表2-4-6

名称	图示	使用空间	名称	图示	使用空间
木地板		卧室、书房、衣柜间、休闲区	软包材料	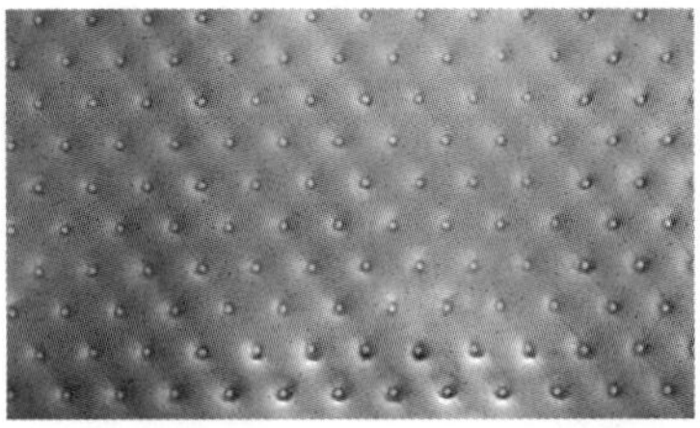	吧台、客厅墙面、酒柜、储物间柜门、书架、卧室飘窗等
金镶玉大理石	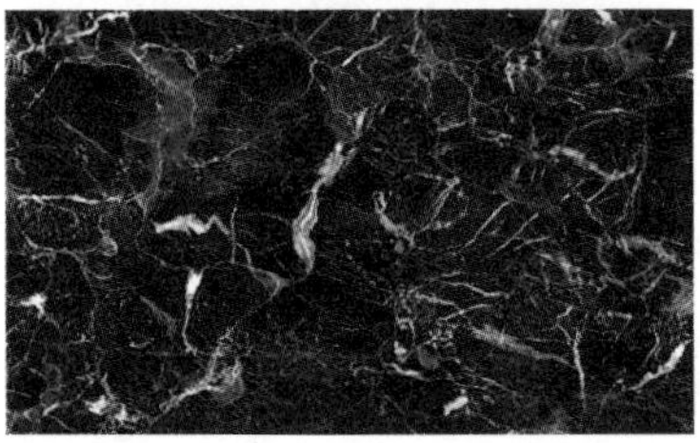	卫生间			老人房床头墙、飘窗等
爵士白大理石		客厅墙面、吧台、卧室飘窗	地毯	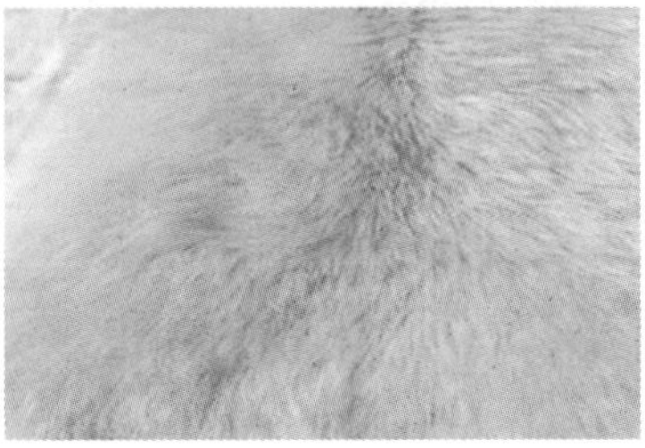	卧室、玄关区储物间
咖啡网大理石	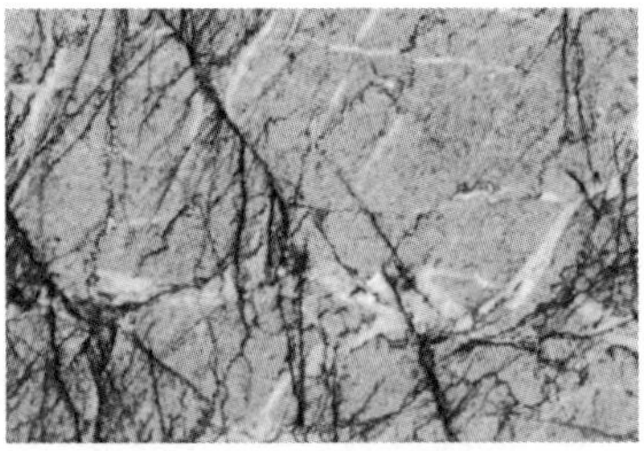	餐桌、门槛石、饰品底座	防滑砖		卫生间、厨房、生活阳台等
仿大理石瓷砖		餐厅、客厅	金属马赛克	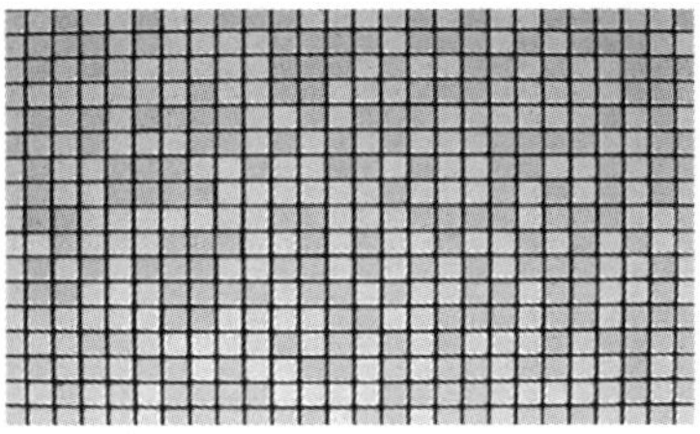	卫生间

续表

名称	图示	使用空间	名称	图示	使用空间
地毯		客厅	墙纸		卧室、书房

(3) 照明设计

利用现代智能照明技术,并根据各个功能区的空间性质和使用要求确定智能控制各功能区域照明亮度、氛围。照明布局方式采用整体照明、局部照明、装饰照明等方式(图 2-4-68 ~ 图 2-4-71)。

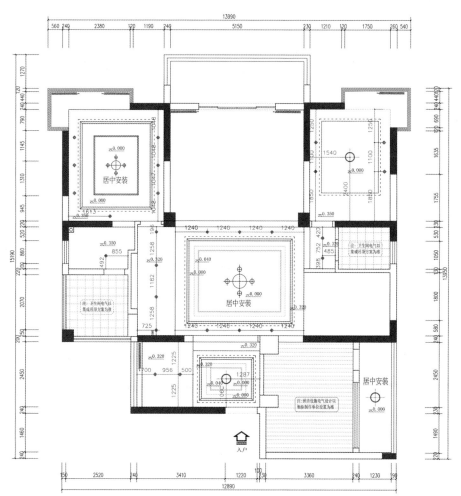

图 2-4-68 一楼灯位设计图

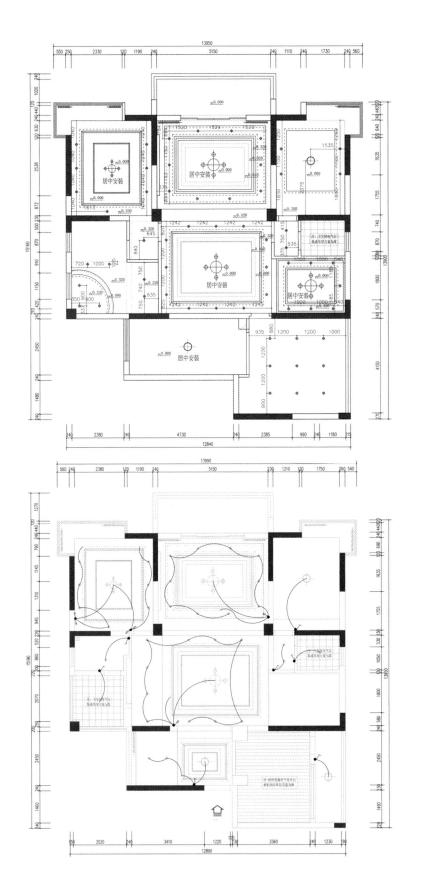

图 2-4-69 二楼灯位设计图

图 2-4-70 一层灯具电控图

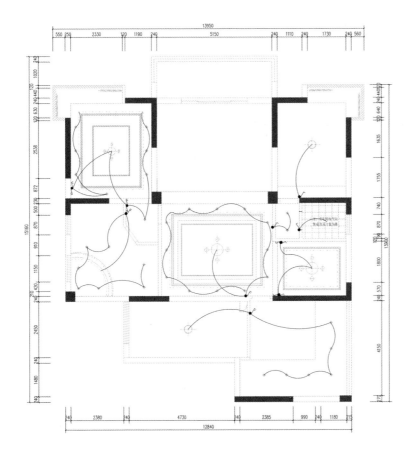

图 2-4-71 二层灯具电控图

1）公共区域照明：以高明度的吊灯为主光源，营造清爽明晰的视觉效果；以顶面灯、筒灯、射灯、台灯、落地灯等为辅助光进行局部照明，增强空间氛围的层次感。

2）家务区域照明：采用吊顶集成的高明度的光源，并在墙面、橱柜等地方做辅助光源。

3）私密区域照明：控制该区域的整体照明度较低，并通过台灯、筒灯等光源进行局部重点照明，增强空间私密感。

4）休闲区域照明：整体照明度较低。顶面灯带和吊灯控制该区域照明效果，并对墙体做非均匀照明，营造轻松、静谧的空间氛围。

5）楼梯过道：采用高照明度的宽光束的灯做整体照明，窄光束灯做局部重点照明。

3. 施工图绘制

施工图纸是设计方案落地效果和工程施工质量的决定性因素。为了确保施工工艺、构造、尺寸及材料特性等信息的准确传达，需要绘制工程施工平面图、剖面图和大样图等。这些图纸将为装修工人提供明确的施工指导，确保施工过程的顺利进行。

在执行本项目的过程中，除了绘制项目平面布置图，还需精心绘制以下图纸：

1）绘制地面铺装图、天花设计图、插座布置图、立面索引图等（图 2-4-72～图 2-4-79）。

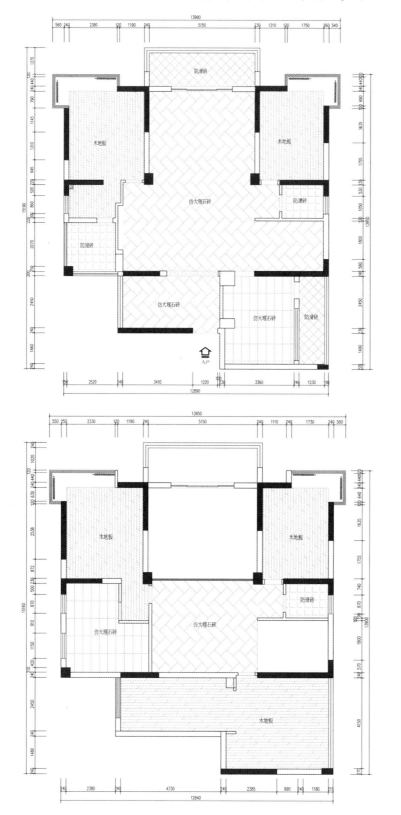

图 2-4-72 一层地面铺装图

图 2-4-73 二层地面铺装图

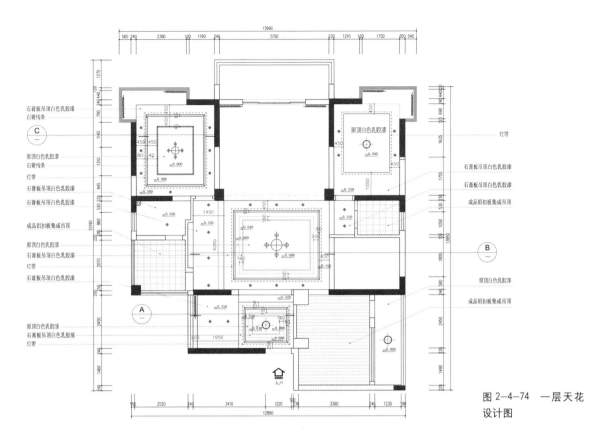

图 2-4-74 一层天花设计图

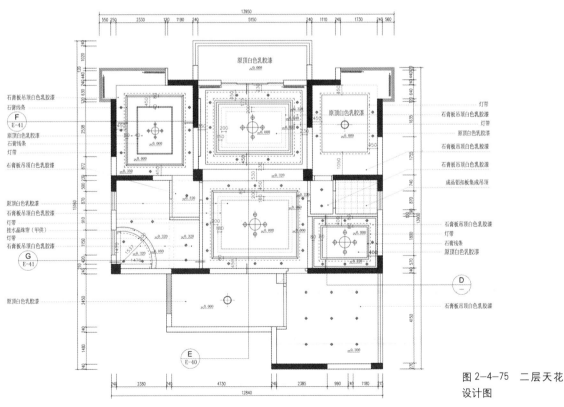

图 2-4-75 二层天花设计图

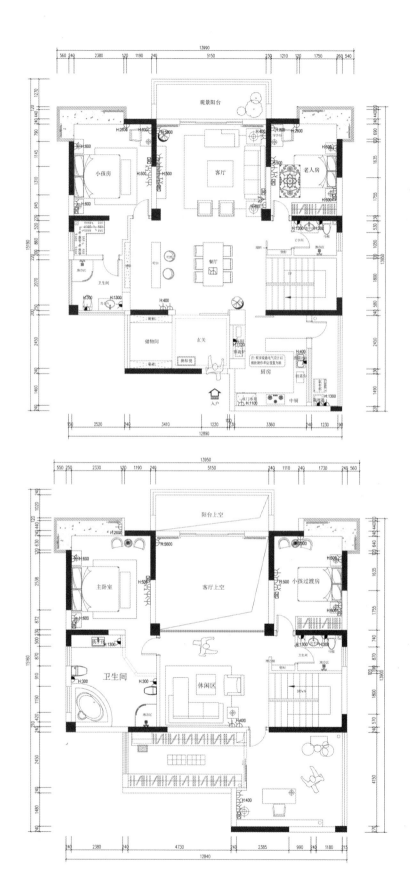

图 2-4-76　一层插座布置图

图 2-4-77　二层插座布置图

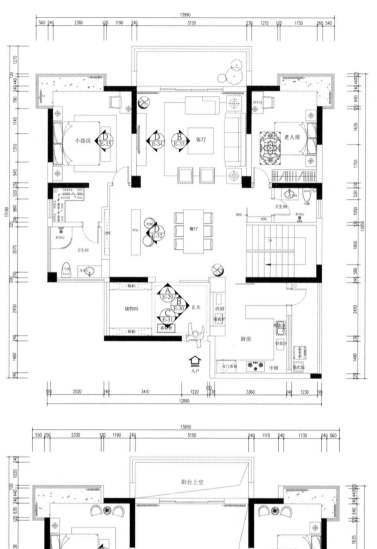

图 2-4-78 一层立面索引图

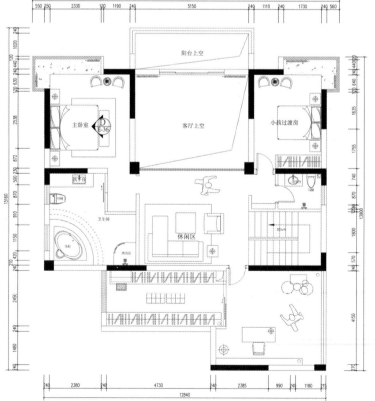

图 2-4-79 二层立面索引图

2）绘制玄关、卧室、餐厅、客厅、休闲区、楼梯等立面图（图2-4-80～图2-4-87）。

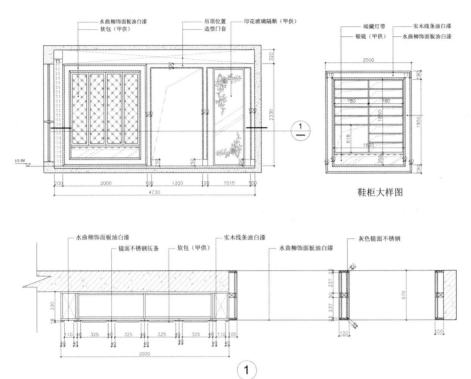

图2-4-80 玄关A立面图

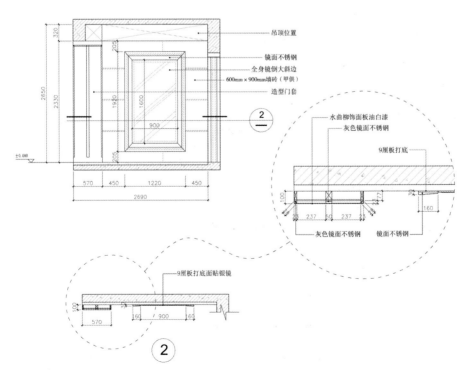

图2-4-81 玄关B立面图

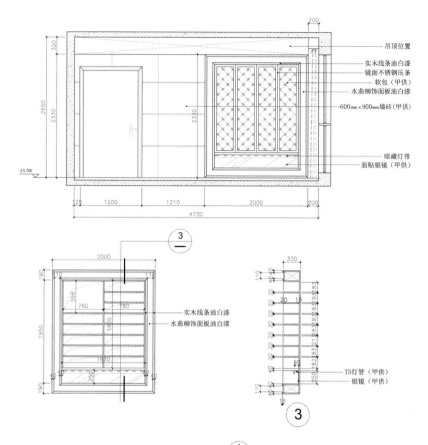

图 2-4-82 玄关 C 立面图

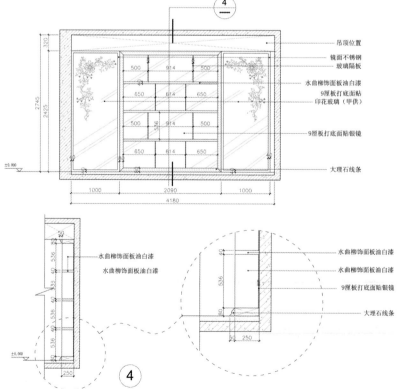

图 2-4-83 餐厅 D 立面图

模块二 居住空间设计实践篇

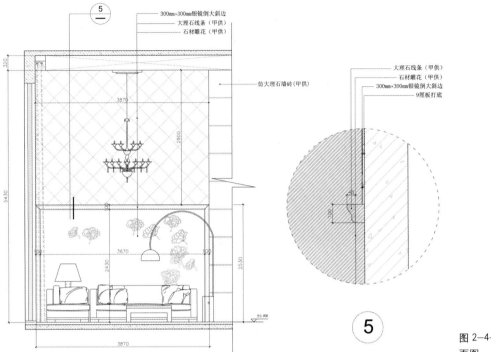

图 2-4-84 客厅 B 立面图

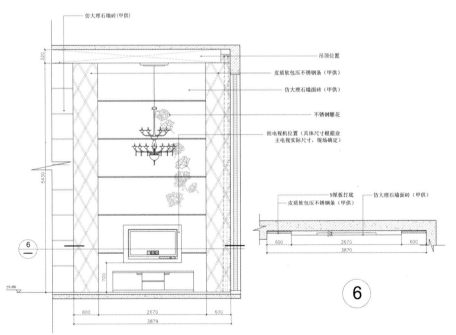

图 2-4-85 客厅 D 立面图

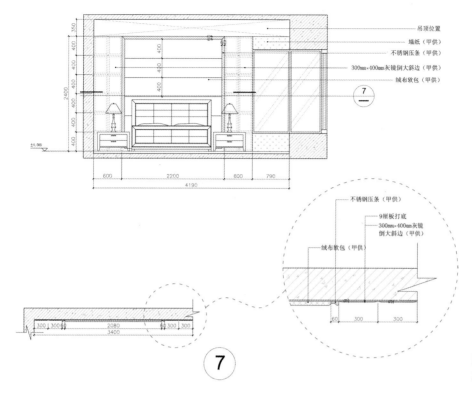

图 2-4-86 小孩房 D 立面图

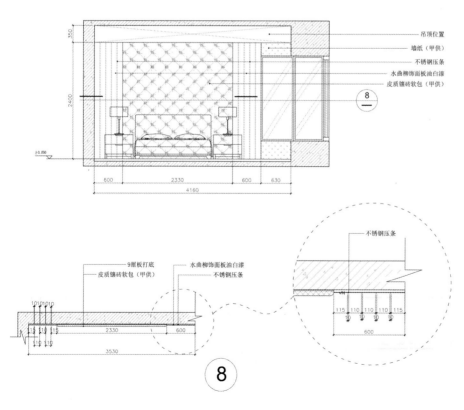

图 2-4-87 主卧室 D 立面图

模块二 居住空间设计实践篇

3) 绘制吧台施工大样图（图 2-4-88）。

4) 绘制卧室、客厅、餐厅等剖面图（图 2-4-89～图 2-4-92）。

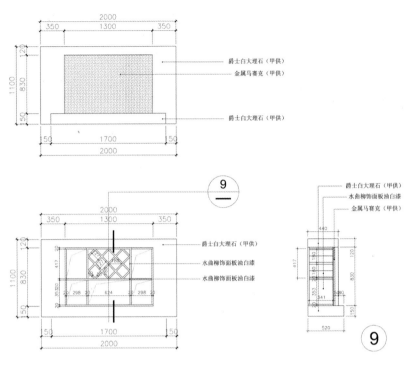

图 2-4-88 吧台施工大样图

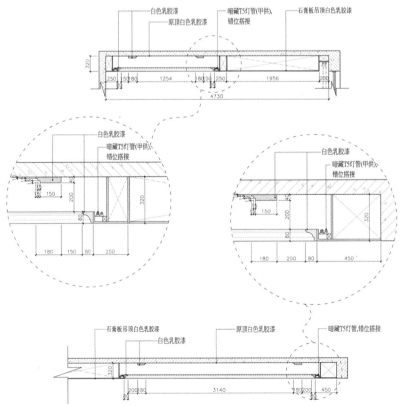

图 2-4-89 玄关、餐厅吊顶剖面图

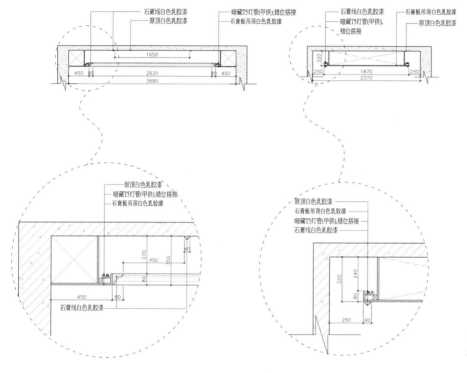

图 2-4-90 小孩房、楼梯间吊顶剖面图

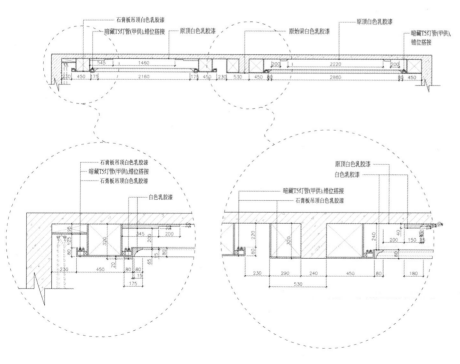

图 2-4-91 客厅、休闲区吊顶剖面图

模块二 居住空间设计实践篇

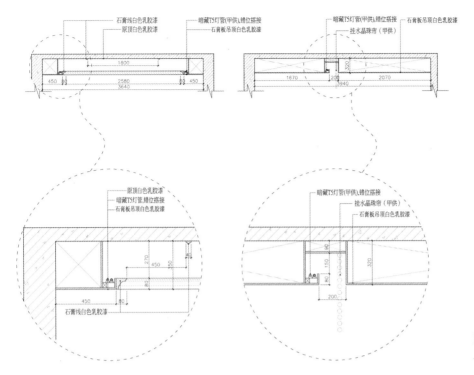

图 2-4-92 主卧、主卫吊顶剖面图

❖ **本项目小结**

本项目详细地探讨了别墅的概念、户型类型、空间组织形态以及别墅庭院类型，深入剖析了别墅空间的设计手法。结合企业实际设计案例与学生实践项目，对别墅空间设计的核心要点进行了深入解析，旨在使学生全面掌握别墅空间设计的策略与技巧，为其今后从事设计工作奠定坚实基础。

❖ **推荐阅读资料**

1. 董君．别墅空间：室内设计工程档案 [M]．北京：中国林业出版社，2017．

2. 凤凰空间·华南编辑部．别墅庭园规划与设计 [M]．南京：江苏人民出版社，2022．

3. 杨小军．别墅设计 [M]．2 版．北京：水利水电出版社，2016．

❖ **学习思考**

1. 填空题

(1) 常见的别墅类型：_____、_____、_____、_____和_____。

(2) 常见的别墅建筑风格：_____、_____、_____、_____和_____。

(3) 别墅庭院景观物质要素：_____、_____、_____、_____和_____。

2. 简答题

(1) 简述空间陈设常用家具类型、陈设品类别。

(2) 简述空间陈设设计基本策略。

(3) 简述现代智能家居技术种类及特点。

(4) 简述别墅空间布局规划应遵循哪些基本原则。

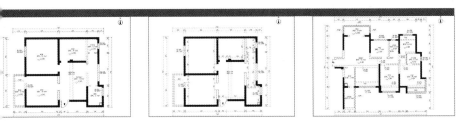

居住空间设计

3 模块三 居住空间设计技能提升篇

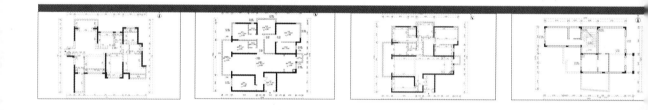

实训项目一　小户型空间设计

一、实训目的

1. 知识目标

1）深入了解小户型空间的功能分区特点，确保空间布局合理、高效；
2）掌握小户型空间设计的基本原则，注重空间利用、视觉效果与实用性；
3）熟悉住宅建筑的基本结构类型，了解不同类型的特点和适用范围；
4）掌握客户信息分析的方法，以便更好地理解客户需求，提供个性化的设计方案。

2. 能力目标

1）具备对小户型空间的规划能力，能够根据客户需求进行合理布局；
2）拥有对小户型空间设计风格的感知能力，能够准确把握各种风格的特点；
3）具备小户型空间设计方案表达能力，能够清晰地传达设计意图；
4）拥有对小户型空间色彩及材料搭配的能力，能够根据整体风格进行合理搭配。

3. 素质目标

1）具有严谨治学的态度，注重培养自身的职业素养，并始终秉持诚信担当的精神；
2）增强社会责任感，树立建筑质量安全责任意识，确保从事工作对社会负责；
3）增强服务意识，具有以人为本的设计思维，提升设计服务品质。

二、实训任务

1. 项目信息

本项目为 20 世纪 90 年代住宅建筑，采用砖混建筑结构，位于第 3 层。建筑面积为 90.00m^2，层高为 3.00m，采光通风情况一般。具体户型结构图详见图 3-1-1、图 3-1-2。

二维码 3-1-1　本项目 CAD 户型图下载

2. 业主信息

1）家庭情况：五口之家，夫妻二人年龄约 32 岁，男孩 8 岁，爷爷奶奶约 65 岁；男主人职业律师，平时喜欢看书，女主人是公务员，喜欢养花草，老人夜间易醒，希望有独立床铺。
2）设计需求：要有充足的收纳功能，能够满足家庭成员的喜好，偏爱现代时尚的样式。

3. 设计任务

根据所提供的项目资料，兼顾客户的个性化设计需求，按照如下要求，完成本项目整体设计方案。具体要求见表 3-1-1。

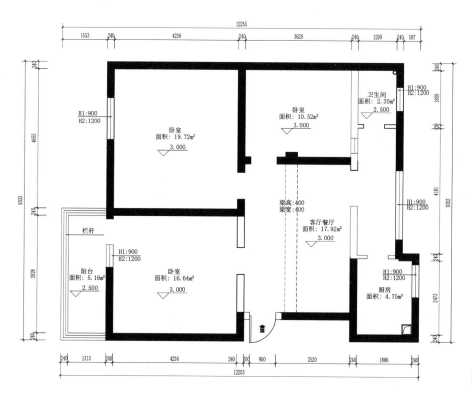

图 3-1-1 原始平面图

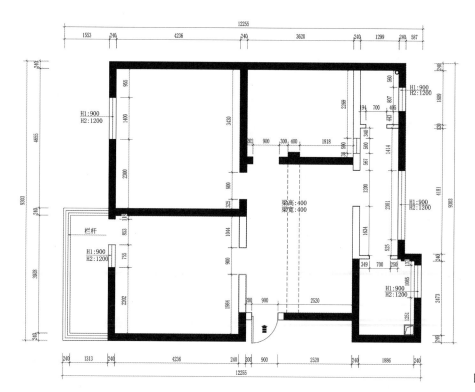

图 3-1-2 墙体定位图

模块三 居住空间设计技能提升篇

小户型空间设计要点 　　表 3-1-1

序号	任务模块	设计要求	考核成绩占比
1	业主需求分析	根据任务书，对业主家庭每个成员的居住需求进行有效的分析，找准业主的装修需求，并总结出核心的设计要素	10%
2	空间布局规划	根据业主的居住需求，分析户型的利弊，并且规划出一个可行的空间布局方案。要求：整个方案的布局必须合理，尺寸比例标准且落地可行性强；必须严格遵守《建设工程质量管理条例》《住宅室内装饰装修管理办法》等相关法规，不能擅自改动建筑承重结构，也不能擅自改动建筑外立面	20%
3	室内空间设计	完成主要空间的设计效果表现，包括客厅、餐厅、卧室、卫生间和厨房等，每个空间必须渲染出不少于两张不同角度的高清效果图。此外，每个空间还需渲染出一张全景图，并生成整体漫游方案	40%
4	施工图绘制	平面布局图、家具尺寸图、地面铺贴图、吊顶定位图	20%
5	方案汇报	制作 PPT 汇报方案，汇报内容包括：团队介绍、项目分析、设计定位、户型改造/户型动线说明、空间效果图设计陈述，以及施工要求等。方案现场汇报及答辩	10%

实训项目二　中户型空间设计

一、实训目的

1. 知识目标

1）了解中户型的空间尺度特点；
2）掌握中户型的空间功能布局和动线设计原则；
3）了解框架结构住宅建筑的特点；
4）掌握新中式风格的设计方法。

2. 能力目标

1）具备改造中户型空间布局的能力；
2）具备特定空间设计风格的把控能力；
3）对中户型空间的美学特征有深入的认知和理解。

3. 素质目标

1）学会挖掘、提炼和创新民族视觉元素，传承和弘扬民族文化，增强民族自豪感；
2）培养正确的审美观念和艺术修养，提高设计品位和审美水平，设计出更高质量的作品；
3）锻炼创新设计思维，具备解决问题的创造性能力，以应对各种设计。

二、实训任务

1. 项目信息

本项目建筑面积 131.00m^2，楼层高度 3.00m。该建筑采用框架－剪力墙结构,房屋采光通风良好,位于小区中心位置,所在的楼层为第 12 层。户型结构图详见图 3-2-1、图 3-2-2。

二维码 3-2-1 本项目 CAD 户型图下载

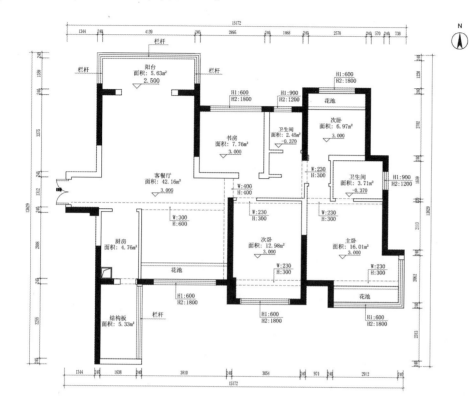

图 3-2-1 原始平面图

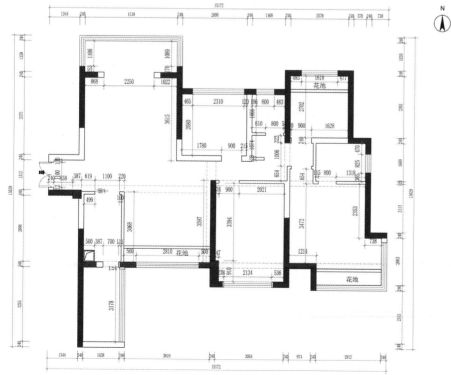

图 3-2-2 墙体定位图

模块三 居住空间设计技能提升篇 201

2. 业主信息

1）家庭情况：一家四口，夫妻二人（男主人做外贸生意，女主人为家庭主妇），年龄约35岁；两个小孩，儿子3岁、女儿14岁。一家人喜好阅读、品茗和艺术。

2）设计需求：女主人希望拥有中餐厅、西餐厅、宽敞餐厅，便于烹饪美食；小孩希望有独立书桌；男主人希望有个独立办公空间、茶室；喜欢新中式设计风格。

3. 设计要求

根据所提供的项目资料，兼顾客户的个性化设计需求，按照如下要求，完成本项目整体设计方案。具体要求见表3-2-1。

中户型空间设计要点　　　　表3-2-1

序号	任务模块	设计要求	考核成绩占比
1	业主需求分析	根据任务书，对业主家庭每个成员的居住需求进行有效的分析，找准业主的装修需求，并总结出核心的设计要素	10%
2	空间布局规划	根据业主提出的设计要求，需要制定三个户型改造方案。要求方案中的功能区域划分明确，布局合理，尺寸比例符合设计规范，同时具有很强的落地可行性。此外，方案的设计需要符合建筑工程相关法规，严禁擅自变动建筑主体和承重结构	20%
3	室内空间设计	完成各个空间设计的效果图表达，其中客厅、餐厅、卧室、书房（茶室）、卫生间和厨房为必选项。设计风格必须明确，效果必须统一。每个空间必须渲染出至少两张不同角度的高清效果图；每个空间还需渲染一张全景图，同时生成整体漫游方案	40%
4	施工图绘制	原始结构图、墙体拆除图、墙体新建图、平面布置图、平面家具尺寸图、地面铺装图、顶面布置图	20%
5	方案汇报	制作PPT汇报方案，汇报内容包括：团队介绍、项目分析、设计定位、户型改造／户型动线说明、空间效果图设计陈述，以及施工要求等。方案现场汇报及答辩	10%

实训项目三　大户型空间设计

一、实训目的

1. 知识目标

1）对大户型空间尺度应有深入了解，掌握其特性；
2）掌握大户型空间功能布局和动线设计的规范和原则；
3）精通"无主灯式"照明设计技巧；
4）掌握现代雅致风格的设计技巧和手法。

2. 能力目标

1）具备对大户型空间布局进行科学规划和优化调整的专业能力；

2）掌握并熟练运用特定空间设计风格的技巧与要领；
3）拥有对大户型空间美学的高敏感度和深刻洞察力。

3．素质目标

1）深化创新设计理念，致力于打造出独具特色的个人设计风格；
2）关注设计潮流动态，不断提升自身的文化底蕴和审美水平；
3）强化社会责任感和企业道德观念，为社会提供更优质的服务。

二、实训任务

1．项目信息

本项目的建筑面积为 223.00m^2，楼层高度为 2.80m。该建筑采用框架－剪力墙结构，房屋采光通风良好。位于小区中心位置，属于楼王位置，位于第 36 层。户型结构图详见图 3-3-1、图 3-3-2。

2．业主信息

1）家庭情况：一家三口，夫妻二人年龄约 37 岁（男主人，茶叶贸易者；女主人，时装设计师）；儿子 12 岁。
2）设计需求：女主人希望拥有宽敞明亮的衣帽间和化妆区；男主人希望在客餐厅之间设置一个开放式品茗区，需要一个独立的书房；小孩希望拥有自己独立空间；偏爱现代雅致设计风格。

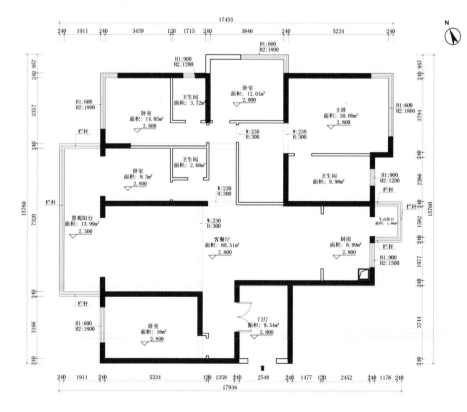

二维码 3-3-1 本项目 CAD 户型图下载

图 3-3-1 原始平面图

模块三 居住空间设计技能提升篇

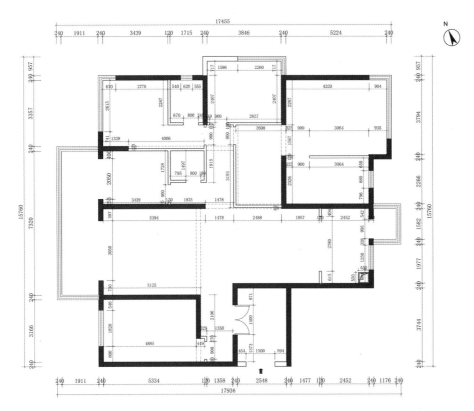

图 3-3-2 墙体定位图

3. 设计要求

根据所提供的项目资料，兼顾客户的个性化设计需求，按照如下要求，完成本项目整体设计方案。具体要求见表 3-3-1。

大户型空间设计要点　　　　　　　　　　　　　　　　　　　　　　　　　　表 3-3-1

序号	任务模块	设计要求	考核成绩占比
1	业主需求分析	根据任务书，对业主家庭每个成员的居住需求进行有效的分析，找准业主的装修需求，并总结出核心的设计要素	10%
2	空间布局规划	鉴于业主的需求，我们提出以下户型改造方案要求：首先，方案应充分满足业主的个性化需求，提供能够满足其实际需求的多种布局方案；同时，方案需规划布局合理，分区明确，动线设计科学。其次，方案必须严格遵循建筑工程相关法规，不得擅自改变建筑主体和承重结构。新建墙体与建筑主体、承重结构应保持相对独立的关系，以确保改造方案的安全性和合法性。在制定方案的过程中，需充分征求业主的意见和建议，深入了解和分析其需求特点，并结合实际情况提供最佳的户型改造方案	20%
3	室内空间设计	认真研究现代雅致风格的空间设计表达形式，把握好各个空间美学的逻辑性。使用三维软件完成各空间设计效果图，并确保每个空间渲染出不少于两张不同角度的高清效果图。此外，每个空间需渲染一张全景图，并生成整体漫游方案	40%
4	施工图绘制	准确地绘制出原始结构图、墙体拆除图、墙体新建图、平面布置图、平面家具尺寸图、地面铺装图、顶面布置图等图纸	20%
5	方案汇报	制作 PPT 汇报方案，内容包括：团队介绍、项目分析、设计定位、户型改造／动线说明、空间效果图设计陈述，以及施工要求等。方案现场汇报及答辩	10%

实训项目四　别墅空间设计

一、实训目的

1. 知识目标

1）熟悉别墅空间尺度和空间组织的特点,确保设计符合实际需求和功能要求;

2）掌握别墅空间布局规划和动线设计的特点,确保空间布局合理、舒适、实用;

3）熟悉别墅空间陈设和灯光设计方法,确保室内环境美观、舒适,能够营造出高品质的居住空间氛围;

4）熟悉简约欧式风格的设计方法,满足不同客户的审美需求和个性化特点。

2. 能力目标

1）具备规划别墅空间布局的专业技能;

2）能够精准控制特定空间的设计风格;

3）对别墅空间美学有深入的理解和把握;

4）具备跨学科技术在大项目中的综合运用能力。

3. 素质目标

1）加强跨学科知识整合与运用能力,培养全面职业能力发展意识;

2）树立多元文化学习的意识,提升国际视野和跨文化思考能力;

3）优化设计流程,注重培养精益求精的专业精神,不断追求卓越。

二维码 3-4-1　本项目 CAD 户型图下载

二、实训任务

1. 项目信息

本项目建筑面积 760.84m²,其中地下一层面积 145.90m²,庭院面积 137.00m²,一层面积 219.65m²,二层面积 141.73m²,三层面积 116.56m²。建筑结构为框架结构,户型结构图详见图 3-4-1～图 3-4-4。

2. 业主信息

1）家庭概况:该家庭由五名成员组成,包括夫妻二人(丈夫从事国际贸易业务,妻子担任职业经理人),以及他们的一对子女和母亲。夫妻二人年龄约 40 岁,儿子 12 岁,女儿 15 岁,母亲约 65 岁。

2）设计需求:女主人希望住宅中设有瑜伽室和阳光休闲房,同时拥有宽敞明亮的衣帽间和化妆区。男主人期望住宅具备视听、会客、品茶和工作的独立空间。子女希望各自拥有独立的居住空间。老人则希望住宅中设有种植蔬菜的区域以及练习太极的地方。整体设计偏向简约欧式风格。

3. 设计要求

根据项目信息和客户的设计需求,以 3～5 个人组成项目设计团队,按

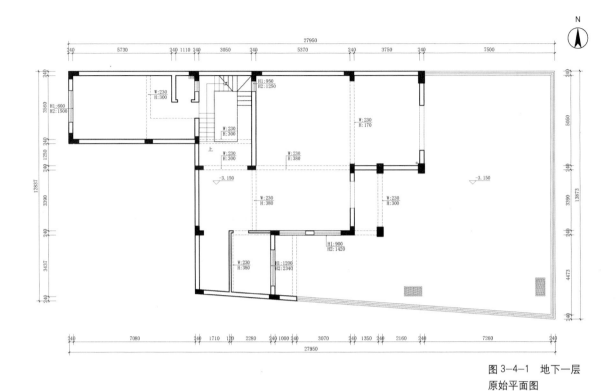

图 3-4-1 地下一层原始平面图

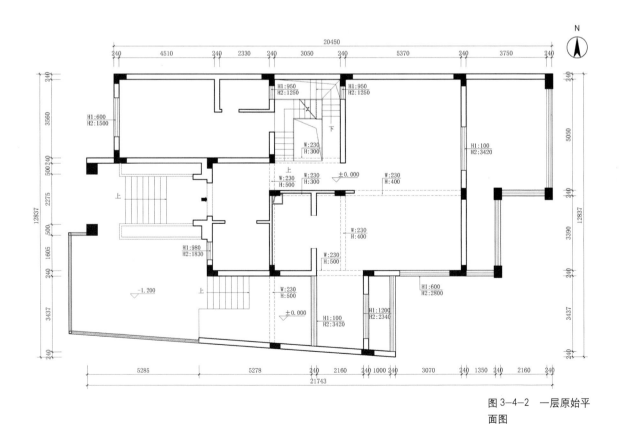

图 3-4-2 一层原始平面图

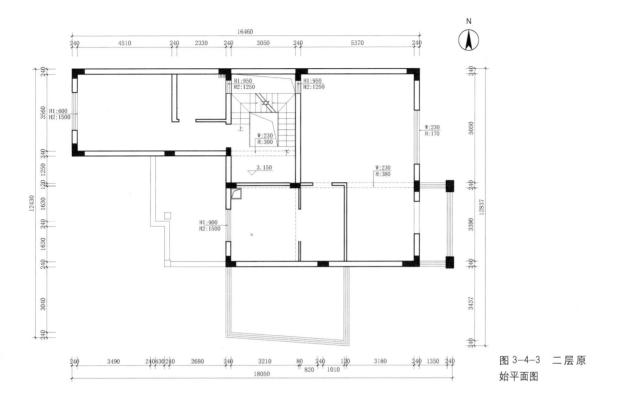

图 3-4-3 二层原始平面图

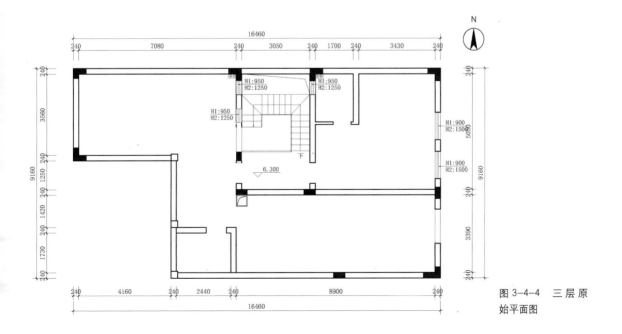

图 3-4-4 三层原始平面图

模块三 居住空间设计技能提升篇

照以下要求完成该项目的设计方案。具体要求见表 3-4-1。

别墅空间设计要点 表 3-4-1

序号	任务模块	设计要求	考核成绩占比
1	项目分析	业主需求分析：有效分析业主家庭各成员的居住需求，归纳出设计核心要素。 空间设计定位：组织团队头脑风暴，找准方案设计方向，归纳设计要素，提炼设计概念	10%
2	空间规划	根据空间设计定位，组织团队完成3种空间规划改造方案。具体要求如下： 满足业主共性和个性需求，做到规划布局科学、功能分区明确、动线设计人性化，方案实施可行性强。 建筑结构改造，要严格按照国家建筑工程相关法规执行，严禁擅自变动建筑主体和承重结构	20%
3	空间设计	空间界面设计：认真研究简约欧式风格的设计语言表达形式，把握好室内外美学的逻辑性。 陈设设计：注意家具和其他摆设的布局和摆放的便利性和协调性，色彩搭配符合设计风格定位，使用不同材质和质感的物品要考虑空间层次感和协调性。 家居设备选用：智能化、健康与生态，未来功能拓展性。 空间效果表达：用三维软件完成空间效果图，每个空间渲染出不少于三张不同角度的高清渲染图。每个空间需渲染一张全景图，并生成整体漫游方案	30%
4	施工图绘制	准确地绘制出原始结构图、墙体拆除图、墙体新建图、平面布置图、平面家具尺寸图、地面铺装图、顶面布置图、灯具定位图、给水排水平面、装饰剖面图、节点大样图等图纸	20%
5	工程概算	熟悉施工图纸，了解施工工艺、构造以及材料，列出工程概算清单	10%
6	方案汇报	制作PPT汇报方案，汇报内容包括：团队介绍、项目分析、设计定位、户型改造／户型动线说明、空间效果图设计陈述，以及施工要求等。方案汇报及答辩	10%

参考文献

[1] 逯薇. 小家，越住越大 3 [M]. 北京：中信出版社，2019.
[2] 张绮曼，郑曙旸. 室内设计资料集 [M]. 北京：中国建筑工业出版社，1991.
[3] 李戈，赵芳节. 图解空间尺度 [M]. 南京：江苏凤凰科学技术出版社，2022.
[4] 魏祥奇. 室内设计风格详解　中式 [M]. 南京：江苏凤凰科学技术出版社，2016.
[5] 顾浩，蔡明. 室内设计黄金法则 [M]. 北京：中国电力出版社，2022.
[6] 祝彬，樊丁. 色彩搭配室内设计师必备宝典 [M]. 北京：化学工业出版社，2021.
[7] 周燕珉. 住宅精细化设计 II [M]. 北京：中国建筑工业出版社，2019.
[8] 理想·宅. 室内设计数据手册：空间与尺度 [M]. 北京：化学工业出版社，2019.
[9] 董君. 别墅空间：室内设计工程档案 [M]. 北京：中国林业出版社，2017.
[10] 凤凰空间·华南编辑部. 别墅庭园规划与设计 [M]. 南京：江苏人民出版社，2022.
[11] 杨小军. 别墅设计 [M]. 2 版. 北京：水利水电出版社，2016.